北大正能量

北京大学传递百年的超级心理密码

王保蘅 著

百花洲文艺出版社
BAIHUAZHOU LITERATURE AND ART PRESS

图书在版编目（CIP）数据

北大正能量 / 王保蘅著. -- 南昌：百花洲文艺出版社, 2013.6
ISBN 978-7-5500-0658-4

I.①北… II.①王… III.①成功心理—通俗读物
IV.①B848.4-49

中国版本图书馆CIP数据核字（2013）第119883号

北大正能量

王保蘅 著

出 版 人	姚雪雪
责任编辑	余　茳　胡志敏
封面设计	阿　正
出版发行	百花洲文艺出版社
社　　址	南昌市阳明路310号
邮　　编	330008
经　　销	全国新华书店
印　　刷	江西省人民政府印刷厂
开　　本	170mm×240mm　1/16
印　　张	17
字　　数	202千字
版　　次	2013年8月第1版　2013年8月第1次印刷
书　　号	ISBN 978-7-5500-0658-4
定　　价	28.90元

赣版权登字：05-2013-189

邮购联系	0791-86895108
网　　址	http://www.bhzwy.com

图书若有印装错误，影响阅读，可向承印厂联系调换。

一提起北大，每个中国人心里都会油然生出一种神圣感。在很多中国人心里，北大已经不仅仅是一所著名大学，而已经被当成中国现代教育的一个符号，是一种正面能量的象征。自1898年洋务运动开展时设立京师大学堂以来，北大就担当起了教育兴国的重任。在中国近代历史上，北大从诞生起就与国家民族的命运紧密相连，在很大程度上影响了中国近现代史的进程。北大不仅是五四运动的发祥地与新文化运动的中心，还是中国最早的马克思主义和自由民主思想的传播阵地，更是中国共产党最早的革命根据地之一。北大为国家的振兴与民族的进步做出了不可替代的贡献，在中国迈入现代社会的过程中起到了重要的先锋作用。

爱国、创新、民主、自由的传统精神与勤奋、刻苦、认真、求实的学风，在北大被发扬光大、代代相传。

在中国，大学被人们神圣地称为象牙塔，随着我国教育事业的蓬勃发展，国内的大学越来越多，而北大自成立以来就一直处在象牙塔的顶尖。即便到了现在，大学教育已经从精英教育发展成一种大众教育的情况下，北大和清华这两所大学依然享有"揽半国精英而育之"的盛誉。

在2012年世界各国大学综合实力的评比中，北大排名第46位，是我国大陆唯一排名前50位的大学。北大的教育理念不但让北大学子受益终生，也得到了全球教育界的高度认可和尊重。在现代教育蓬勃发展的今天，北大精神文化的厚重感显得尤为珍贵，依然是国内任何一所大学所不能比的，也从来没有哪一所大学能像北大那样，形成一种源远流长的精神和文化体系。未名湖、胡适楼、博雅塔……这些校园风景在北大都被赋予了厚重的历史和文化气息，这也让北大在教书育人方面拥有得天独厚的优势。建校110多年来，北大桃李丰硕。陈独秀、李大钊等文化和社会改革的先行者，茅盾、徐志摩、朱自清等文坛鸿儒，李政道、杨振宁、邓稼先等科技巨匠，以及李克强、李源潮等政界精英都是从这里走出的，并在各自领域建功卓著。在2012年"中国大学杰出校友排行榜"中，1952年以后毕业于北京大学的政学商界出色人物最多，多达456人，遥遥领先于第二名的清华大学。由此可见，北大不仅能以德育人，还能培养出符合时代发展要求的杰出人才。

这些各领域的顶尖人才，不是仅仅用良好的教学条件就能培养出来，他们更多的是受到了北大精神的深刻影响。正是因为北大拥有良好的精神建设体系，才能在学校发展的长河中培育出顶尖的人才。一个真正接受过北大精神熏陶的学子，一定能懂得怎样去更好地生存，怎样去更好地学习，怎样去更好地工作，怎样去热爱我们这个国家和怎样去善待我们身边的每一个人。因为北大从学子一进入学校，就教育他们要有激情和梦想，用积极和充满梦想的心态去面对人生，时刻保持一种生命的紧迫感，不断充实自己，提高自己。

作为中国最高学府，北大在提高学生学习能力上自然有自己的独到之处。北大教育学子们要正确地看待学习，还要会学习，并把学习当成一种信仰伴随自己的一生。哪怕自己资质平庸，只要努力学习，就能充分发掘自身的潜能，让自己的能力最大化。

一直以来，爱国都是北大教育学子的重点内容。因为一个人只有热爱自己的国家，才会有更大的热情去生活、去学习、去工作。

另外，北大还注重对学子性格和心灵的塑造，因为只有一个人格完整的人才能对这个社会有所贡献。作为一所拥有悠久历史的著名学府，北大还会教育学子怎样用正面和积极的心态来面对职场，培养强大的工作能力来征服职场。这也正印证了我们的一句古训："只有先做好了修身养性，才能做好齐家治国平天下"。

本书共分为十章，从生命正能量、学习正能量、国家正能量、心灵正能量、事业正能量、性格正能量、情绪正能量、毕业正能量、团队正能量等方面全面阐述了北大作为一个教育圣地，对莘莘学子从人格、思想、情绪，到工作能力和方法等各方面的正能量的全面培养。本书就是通过对北大精神的弘扬，向读者展示了北大的育人之道，希望读者能从文章中接收到北大这些正能量，并从中有所收益，同时也希望各位读者能够学以致用，指导自己更好地做人做事，树立正面积极的人生观和价值观，努力让自己成为一个积极、正面、有能力、有格调的人。

目录
CONTENTS

第一章

【北大正能量】
北大传递激情与梦想

第二章

【生命正能量】
北大给你雄心壮志的紧迫感

第三章

【学习正能量】
北大怎样营造创新求知的学习氛围

第四章

【国家正能量】
北大用鲜血支撑起来的爱国情怀

第五章

【心灵正能量】
北大用高雅文化滋养你的心灵

第六章

【事业正能量】
北大教你以出世的精神做入世的事情

第七章

【性格正能量】
北大告诉你行为背后的性格密码

第八章

【情绪正能量】
北大教你负面情绪如何变身正能量

第九章

【毕业正能量】
北大学子怎样用燕园精神挑战职场

第十章

【团队正能量】
北大怎样增强精诚协作的团队精神

第一章

【北大正能量】

北大传递激情与梦想

北大是现代中国的精神源泉，是自由思想的发祥地，是新中国梦想诞生的开始。北大的传统就是革命的传统，北大从孕育起，就与中国的命运紧紧相连，正是北大的先辈们促就了中国社会的变革，用他们的激情与梦想造就了新的时代。所以说，北大所传承的是强大的正能量，这种能量影响着北大人以及所有积极进取的人们。如今，"北大"两个字已经远远超越了它本身的含义，提起"北大"两个字，人们心中不免产生一股力量，这种力量就是北大强烈的精神正能量。作为中国共产党最早的活动基地，北大为民族的振兴、国家的前途与中国社会的进步做出了不可替代的贡献。可以说，北大在中国迈向现代化文明的过程中起到了先锋作用。勇敢、自由、创新等能量是北大的灵魂，而北大也将那些创造了今日美好生活的前辈们的正能量传承了下来，教导着人们继续传递激情与梦想。北大所具有的正能量是每个想要创新、上进的人应该汲取的精神力量，拥有了北大的精神正能量，就等于获得了挑战一切的力量。

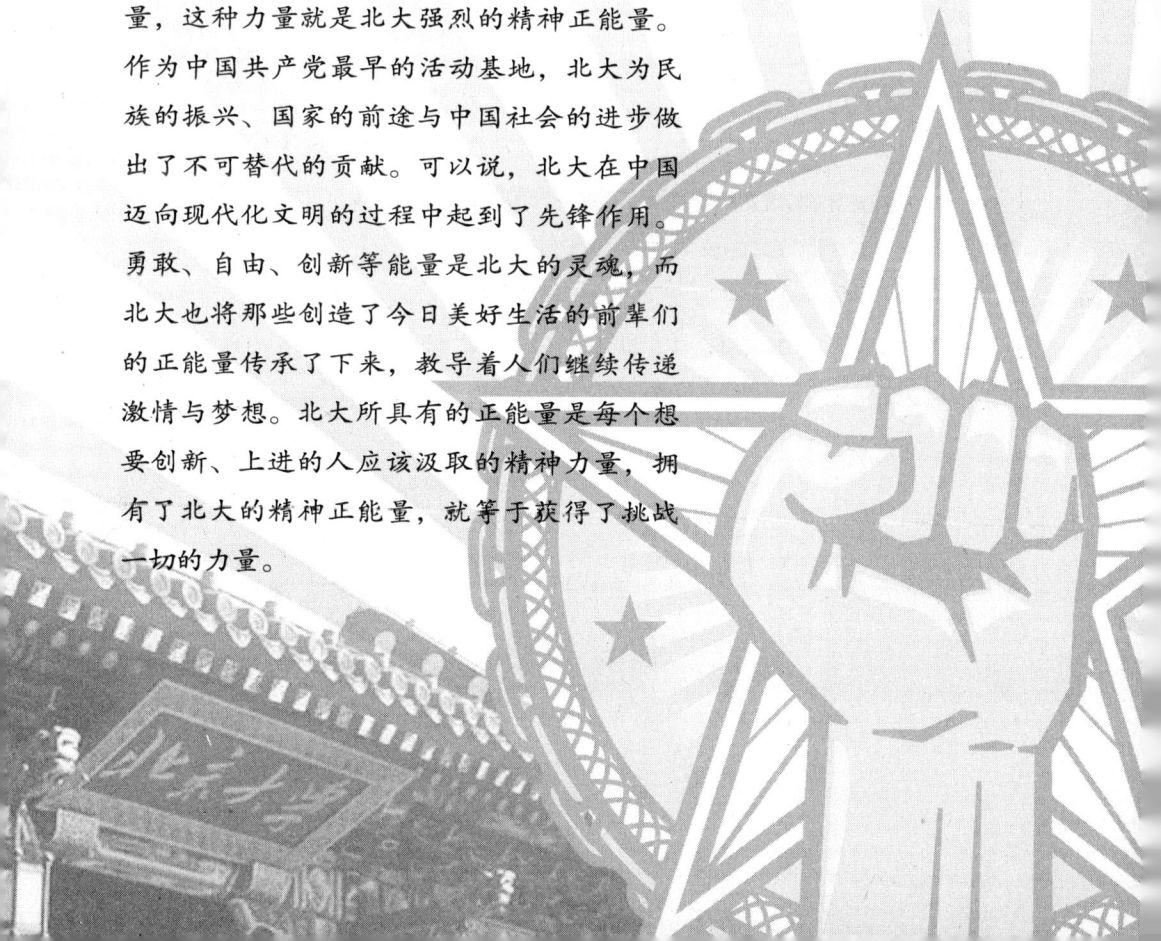

1

勇于冒险，才能抓住上天赐予你的每一个机遇

任何一种创新都需要冒险精神，鲁迅先生说过："北大是常为新的。"北大正是勇于冒险，不断地进行改革，才能获得如此的成功。同样，一个有志向的人也必须拥有冒险精神，如果惧怕失败，只能使自己平庸地度过一生。可以说，不冒风险，追求安稳，会让人葬送自己的潜能。而只有勇于冒险，不断地探索奋进，才能收获成功的喜悦。

毕业于北大的俞敏洪，现任新东方校长，他创办的新东方学校现在已经占据了全国一半的出国培训市场。据调查，在美国、加拿大的中国留学生有 70% 以上都是从新东方走出来的。所以，每当俞敏洪到国外考察，到中餐馆去就餐时，一落座就会有人走到他的面前称呼他"俞校长"。同时，由于他对中国留学事业的贡献，被人称为"留学教父"。

说到这里，可能人们会好奇：他是凭借什么能力取得了今天的成就呢？谈起自己的成功，俞敏洪说："我觉得成功者都有一个共同点，就是不安分，并敢于冒险。我父辈中的很多人都是随着改革开放，丢掉了自己的铁饭碗，只身闯荡的。这并不是什么舍弃精神，而是他们不安于现状，敢于冒险，我就是遗传了这样的不安分和冒险的精神。"

所谓的冒险精神，就是努力寻找自己最适合走的道路，寻找自

己最适合做的事情，然后专注地去做，这样才能取得真正的成功。其实，每个人都拥有冒险精神。可是，随着岁月的蹉跎，很多人都渐渐地磨去了自己的棱角，失去了那颗冒险的心。纵观古今，很多成功者都是不安于现状，敢于冒险的人。通常别人都在墨守成规地做着一些事情时，他们却一反传统，做着令他人感到疯狂的事情。他们为什么有勇气这么做呢？因为他们知道，社会在稳定持续发展，生存在这个社会中，就要遵守社会的秩序，不能过于出格；但是如果过于老实本分地遵守规则，那么就没有办法创新，也就无法取得大的发展，所以要想在社会中胜出，就要勇于打破常规，创造新的规则。当然，打破常规的人不一定能取得胜利，但是要想取得胜利就必须具备这种勇于冒险的精神。

众所周知，比尔·盖茨曾经是哈佛大学法律专业的学生，但是他不安于现状，在大学没毕业就辍学发展自己的计算机事业了。现在国内的很多大学都允许学生可以转换专业，可以因为事业而延期毕业。由此可见，敢于冒险的人，不仅为自己赢得机会，而且还往往改变了社会的规则，使人类文明得以发展。

生活的道路是充满挫折与艰辛的。很多时候，人们需要敢于突出重围、奋勇前进，才能让自己不被埋没在茫茫人海中。有人说："人生最大的冒险，是你不敢去冒险。"可以说，是冒险精神让人不断地挑战自己、超越自我，最后达到人生的最高境界。

1855年，约翰·洛克菲勒在辍学后，为了能找到一份挣钱的工作，接受了3个月的短期职业培训。结业后，他在纽约市的公司一家挨一家地找工作，终于在一个月后入职了一家货运中介公司。当时，他在公司的职务是会计助理，这年他只有16岁，虽然年纪小，但是他工作努力、办事干练。有一次，公司进口的商品出现瑕疵，洛克菲勒便去找运输公司索赔，老板因此对他另眼相看，将他的月薪提高了一倍。第二年，又将他的工资翻了两番。洛克菲勒在工作中非常注重收集商业信息，他在这个货运中介公司总共干了四年。在第三年的时候，他抓住机遇，自作主张收购小麦与火腿。老板知道此事后很恼怒，指责他说："你究竟想干什么？为什么擅作主张做起了冒险的投机生意？我们公司主要是以中介服务赚取佣金，这种食品生意是做不来的。"洛克菲勒对老板说："根据我对最近新闻报道的认真分析，英国不久就会闹饥荒，我觉得我们应该抓住这个机遇大量收购小麦与火腿，然后出口到英国，一定可以赢得很多的利润。如果放掉这样的机会，以后肯定会后悔的。"老板虽然有点怀疑他的话，但还是默许了他的做法。之后，洛克菲勒不仅大量收购小麦和玉米，还大量囤积火腿、肉干等加工食品。不久，果然如洛克菲勒所料，英国开始闹饥荒，洛克菲勒将公司囤积的食品向英国出口赚取了巨额利润。洛克菲勒也因此成为了纽约生意圈子里的热点人物，人们纷纷称赞他的机智与决断力。这笔生意对他来说非常重要，在他以后的人生中也起到了很大的推动作用。因为这是他踏入商业的第一步，从此他明白了自身价值的真正所在。

没过多长时间，洛克菲勒便向老板提出加薪，要求将自己的年薪调整为八百美元。在当时，八百美元是一个很高的数额，而且公司里没有人拿过这么高的薪金，所以老板拒绝了他。洛克菲勒早已料到了结果，此时他已经决定自己闯荡天下了，虽然这意味着冒险，但是他一点都不畏惧。而此时的洛克菲勒只有 19 岁。

从货运中介公司离职后，他与一个名叫克拉克的年轻人合开了一个谷物经纪公司。开办这个公司的资本需要 4 千美元，每人出 2 千美元。但是洛克菲勒所有的积蓄还不足 1 千美元，怎么办呢？最后，他决定向父亲求助："爸爸，你答应在我 21 岁时给我 1 千美元的资产，能否现在就给我？我现在急需一笔钱！"父亲说："你现在还不到 21 岁呢？"他急切地说道："早晚不都一样吗？"父亲笑着说："当然不一样，不过你要想提前支取，就得支付这段时间的贷款利息！"洛克菲勒听后欣然答应。爸爸问他："你经营的公司主要做什么？""我们主要是收购谷物和肉品，然后卖到欧洲去。""什么？

卖到欧洲，你的意思是说将谷物、肉品卖到欧洲？""是啊。"洛克菲勒平静地说。父亲惊呆了，没想到一个十几岁的毛小子竟然有这么大的勇气与信心。

从此，洛克菲勒开始了自己的冒险生涯。公司成立不久就遇到了问题，那年，美国的农业遭受了严重的自然灾害，粮食几乎颗粒无收，于是农民们要求用来年的收成作抵押让他们支付定金。一听说要支付定金，洛克菲勒的伙伴克拉克吓得脸色苍白——别看克拉克已经年过三十，看似强壮，其实是个外强中干的儒弱之人。一个只有 4 千美元资本的公司怎么可能支付得起定金呢？克拉克像泄气的皮球一样想不出任何办法，同行的公司也纷纷倒闭。面对如此窘境，洛克菲勒沉住气冷静思考后，决定去找在教会认识的朋友———一家银行的总裁，请求贷款。当他将贷款领回后，一向高傲的克拉克的嚣张气焰熄灭了，他们俩在公司的地位也变换了一下。经过不懈的努力，第二年，他们公司不仅还清了贷款，还获得了 4 千美元的利润，这在当时可是一笔不小的数目。

洛克菲勒高中时女友的父亲是州议员，洛克菲勒通过他了解了一些时事方面的消息。有一天，议员对他说："南北战争就要爆发了，年轻人要想出人头地最好去参加战争。"洛克菲勒不想打仗，对他来说，与其参加流血战争，不如多关心国内的经济问题。他忍不住问议员："如果战争爆发，北方的工业家与南方的农场主谁会更赚钱？"听到这个问题，作为政治家的议员有些哭笑不得，他心想："这小子一点都不关心国家大事，我能将女儿托付给这样的人吗？"回公司后，洛克菲勒对克拉克说："南北战争就要爆发了。"克拉克很迷惑地看着他，他继续说："我们要马上向银行贷款，然后大量收购粮食、食品。"克拉克听后急得跺脚："你疯了，现在国内经济这么糟，我们这么做会赔死的。"洛克菲勒开始向克拉克解释，最后终于将克拉克说服了。但是，克拉克对银行贷款仍然抱有顾虑，洛克菲勒开导说："放心吧，付了贷款利息后我们仍有剩余，这就叫生息赚钱。"没过多久，南北战争果然爆发了。由于洛克菲勒在战前低价收购粮食、食品，战时战后高价出售，使得他在战争中大发横财，摇身一变成为了名副其实的大商人。

回顾洛克菲勒的成功过程就会发现，他正是靠着一次次大胆的冒险经历，抓住了人生中的成功机会。可见，不安于现状、敢于冒险的人往往能折腾出点事来，不断地突破自我，并创造出辉煌的人生。其实，我们每个人都有成为亿万富翁的能力，关键在于你是否有勇气迈出成功的第一步。在当今社会，如果没有超人的胆量、不具有冒险精神与创新的意识，就很难取得卓越的成就。所以，渴望拥有成功人生的人，就必须准备好踏上一场刺激且惊险的冒险之旅。

2

只要足够努力，就没有什么不可能

世界上有三类人：第一类人觉得人生很辛苦，只希望安安稳稳地过完一生；第二类人认为要想取得一定的成就，需要遇到合适的机遇；第三类人认为无论怎样，只要努力拼搏就能取得成功。通常情况下，第三类人就是生活中的大赢家。卡莱尔说："天才就是不断努力、刻苦勤奋的能力。"只有努力才能实现人生的目标，任何人如果不努力，就不可能取得一定的成就。努力是人通往成功的基础，人们只有通过不懈的努力才能实现自己的梦想。努力来源于人们发自内心的渴望，可以促使人们勇敢地向前奋进，最终到达人生的目的地。

生活中，所有的人都想取得成功，但并非所有人都能取得成功。当人们在没有取得成功的时候，不妨扪心自问："我真的努力了吗？我真的尽力了吗？"一个北大女博士在被人称赞是大才的时候回应说："我哪是天才？我只不过是比别人更努力罢了。"是的，生活中没有什么不可能的事情，只要你努力地去争取，就能实现自己的目标。北大人所具有的精神就是想尽一切办法创造可能性，他们总能让事情圆满地完成。因此，任何一个有理想的青年都应该学习北大人的精神，在面对困难与挑战时，付诸努力，永不退缩，那样才有可能取得成功。如果只依靠别人，什么都不想做，那么你永远也到达不了胜利的彼岸。要明白，一个人只有自己不断地努力，才能创造美好的未来。

第二次世界大战后期，战火仍在蔓延，当时的美国盟军统帅艾森豪威尔正在莱茵河附近散步，他看到一位上校忧心忡忡地坐在河边。艾

森豪威尔问这位上校："你有什么烦恼的心事吗？"这位上校一看是
艾森豪威尔将军，立刻站起来敬了一个军礼，然后回道："是的，将
军。"艾森豪威尔继续问："是什么让你如此烦恼？是你的士兵吗？"
这位上校说："不是的，将军。是我的长官……让我非常忧心。他让我
带着一群少得可怜的士兵，去完成一个难以完成的任务。我觉得胜算太
小了。"艾森豪威尔听完之后，对这位年轻的上校讲述了自己曾经的经
历："在我还没有成为将军之前，在我刚当上上尉的时候，带着不到百
名士兵去偷袭敌人的重要军事据点。在出发之前，我也像你一样忧心忡
忡，认为自己与敌人的力量悬殊太大，觉得自己根本不可能取得胜利。
于是，我就试图说服我的长官，告诉他这场战争的困难性，以及形势对
我方的恶劣之处，但是我的长官听后只回答了一句话：'只要努力行
动，世界上就不存在不可能的事情。'所以，我只能带着少得可怜的队
伍出发。在战场上，眼看着我方的军队就快要被敌人击垮了，我想起那
位长官的话，然后大喊道：'我们必须胜利！'最后，竟然不可思议地
战胜了敌人，顺利完成了任务。"

　　如果一个人觉得自己不可能完成一项任务时，他就真的不可能
完成。因为在艰难的挑战面前，你不付出努力、全力以赴，就不会有
成功的可能，迎接你的只可能是失败。只要你充满了信心并为之而努
力，就没有什么不可能的事情。

　　在人的心灵中具有正负两种能量：正能量使人们积极乐观地面对
一切磨难，并告诉人们只要努力就没有完不成的事情；而负能量则会
提醒人们，这是一件不可能完成的事情，让人产生消极怠慢、要放弃
的心理。具有正能量的人，懂得只要拼搏奋斗、努力坚持，就能取得
最后的胜利。

　　其实，每个人最大的敌人就是自己。只有战胜了自己的逃避心
理，勇敢地去面对、去努力，所有的一切都不再是问题。俗话说：
"世上无难事，只怕有心人。"只要你付诸行动，勇敢去做，一切皆

有可能。一个人只有为自己的梦想付出行动，才有完成的可能。再简单容易的事情，如果只是一个梦想，而不去努力行动，就不可能实现。诺贝尔物理学奖得主马可尼曾说过："昨天的不可能在今天变成了可能，上个世纪的幻想已经变成事实摆在人们的面前，这就是人类努力的伟大。"是的，现在的很多事情，在过去几乎被所有的人认为不可能，但正是由于那些少数的被我们称之为伟大的天才，通过他们的努力让一些"不可能"的事情变成了"可能"。这些伟大的人并非都是天才，他们只是用自己的努力完成了"不可能"的事情。

科学巨人爱因斯坦在小时候被人称为"弱智"，3 岁时竟然还不会说话，6 岁时被老师点到名字时还呆若木鸡，因此被人耻笑为"呆瓜"。小学的老师也因此评价他："智力低下，成不了才。"中学时，老师又给他下了一个结论："做什么都一样，反正会一事无成。"上大学时，爱因斯坦由于两门课程不及格，还补习了一年。但是，爱因斯坦最终成为了影响人类的科学巨人。从他的成长过程中就可以看出，他靠的绝不仅仅是智力，还靠着一颗勤奋好学、努力探索的心！只要努力就没有不可能，即使智力并非超群，只要努力坚持，"呆瓜"也会变为"天才"。

北大人之所以能够成为人群中的佼佼者，是由于他们明白想要成就一番事业，就必须不断地努力。成功人士能取得成功最重要的原因是，他们将大部分的时间放在了努力与坚持上。对于努力坚持的人，生活中就没有不可能完成的事情。总之，只要你努力行动，就不难获得成功。"没有努力，生命就没有希望。"生命本身就是川流不息的，所有人都应该让自己充满正能量，努力地奋斗下去，只有坚持不懈的奋斗才是人生最大的价值体现。而北大人正是传承了这种精神，才使他们的能力得到不断的提升，获得人生的成功。

3

用正向的能量才能找到思维里的"捷径"

克伦巴尔是澳大利亚一个拥有十万居民的城市。由于该市资源匮乏，20 世纪末，当地的主要经济动脉———一座煤矿与一个炼油厂倒闭后，有数千名工人下岗，很多家庭因此失去了经济来源。正当人们一筹莫展之际，有人提出利用蚯蚓来复兴该市的经济。在克伦巴尔市，有一种巨大的蚯蚓，体长 2 米，蛋白质含量很高，可以用来生产口香糖和多种保健食品。几年后，该城市的市面上便出现了各种以蚯蚓为原料的商品。不久，该市又举行一年一度的蚯蚓节，其浓郁的地方特色吸引了很多游客的到来。之后，该市仅是每年的旅游收入就有5 亿美元。

一件事情的成败通常并不是由环境所决定，而是人们的思维所造成的。只要用创新的思维去看待事情，总会发现与众不同的亮点。正是创新的思维让"资源匮乏"的克伦巴尔市成为了著名的旅游城市。从这个角度来分析，成功的人并不一定比其他人的能力要强，而是他们大部分具有很强的创新思维。创新就是思维的"幽径"，是获得成功的捷径，同样也是挽回败局的救命稻草。

北大招生办主任秦春华在接受采访时，曾被问到什么样的人才适合进入北大。他的回答是"思维活跃的学生"，这样的学生到北大能得到较大的发展。思维活跃、具有创新精神的人是引领未来的先锋，这样的人才能改变世界。毕业于北京大学、同样也是北京大学教授的王选发明的汉字激光照排技术，就改变了我们的生活。这就是创新思维的力量，它是人类社会发展的基础，也是人们绝处逢生的希望。

远古时代，孤零零的一座小岛上，栖息着一群名为长喙的鸟，它们以蒺藜的果实为食，生存繁衍下来。这座小岛上到处都生长着蒺藜，长喙鸟不用为了寻觅食物而忧愁，它们靠着蒺藜果子生活得自由自在、平静快乐。但是，有些长喙鸟生下来时，就身患残疾，它们的嘴不像正常的鸟那样尖尖的、长长的，而是短小的、笨拙的。

嘴是长喙鸟生存的根本，蒺藜果实浑身都是坚硬的刺，只有用长而尖的嘴巴才能取食，短小的嘴巴根本无法啄开蒺藜果外面的硬壳。如果它们不能顺利取食蒺藜，就只能被饿死。然而，长喙鸟繁殖出很多这样的残疾的幼鸟，它们已经不再是长喙鸟，而成为了短喙鸟。由于天生残疾，短喙鸟在出生不久后，就会被它们的妈妈狠心地抛弃。很多短喙鸟在脱离长喙鸟的养护后就被活活地饿死了。但是，也有一些坚强的短喙鸟，它们不甘心就这样放弃自己的生命，于是决定放手一搏——它们用自己短小的嘴搏击着长满硬刺的蒺藜，试图啄开果实，然而任凭它们怎么坚持，嘴被刺得血流不止，仍然不能成功。

可是，这座岛上除了蒺藜果子，没有其他的食物可以充饥。迫不得已，短喙鸟只有离开了这座它们出生的小岛。短喙鸟离开小岛后，在海面上空盘旋着，发出声声绝望的哀鸣。有的短喙鸟被饿得没有力气，一头栽进大海的深处，再也没有浮上来。有的短喙鸟在饿得快没有力气的时候，突然发现海面上有一些跳跃的小鱼，于是它们奋不顾身地俯冲过去，用箭般的速度将小鱼捕捉。它们非常厌恶这种血腥的味道，但是为了生存下去，短喙鸟还是强忍着吞食下去。就这样，靠着海上丰富的小鱼儿，一些短喙鸟生存下来了。渐渐地，它们发现，肉食的味道并不比蒺藜果实的味道差。它们慢慢地脱离了从前的生存模式，从素食动物变成了肉食动物。

短喙鸟暂时在海上生活，可是海上的生存环境对于鸟儿来说非常恶劣，它们的生活依旧面临着生命的考验。为了能生存下去，它们开始到处捕食，猎物也不再局限于鱼类，凡是有能力捕捉到的动物都成为它们的食物。在严峻的生存条件下，短喙鸟练就了一双犀利的眼神、敏锐的观察力、凶猛灵巧的爪子、闪电般的速度。短喙鸟演变成现在的老鹰，它从天生被遗弃的孤儿蜕变成翱翔天空的王者。而留在岛上的自身条件优厚的长喙鸟，却因为岛上的气候变得恶劣、蕨藜树的消失而走上了灭绝的道路。

短喙鸟虽然没有长喙鸟天生的优势，但是由于它们勇敢尝试，并寻找新的机会，从而逃脱了灭绝的危险。而自身条件优厚的长喙鸟由于安于现状，不懂得去寻找新的生机，最终走上了灭绝的道路。由此可见，寻找思维的"幽径"十分重要。通往胜利的道路有很多条，只要你用积极的正能量去面对，总会找到一条适合自己的幽径。

当然，所谓的幽径，并非是"走后门"、歪门邪道等，而是思维上的跳跃和创新。想要开辟一条幽径，就要具有创新的思维，而且还要具有乐观向上的正向能量。思维的创新对所有人来说都很重要，它是一个人能力增长的源泉，包含着全新的思维形式与结果。北大人的身上就具有一种思维创新力，他们不会拒绝他人的经验，懂得让卓越的思维统率自己的行为。从某种角度来说，思维是心理素质的一种体现，只有具备创新思维，才能成为一个出色的人物。另外，一个企业或者其他组织，如果没有创新的思维，只是墨守成规，那么所谓的传统也就成为了僵硬的教条，企业就很难有所发展。就算是一名将军指挥军队战斗，如果不考虑前方设有埋伏而另辟蹊径，那么军队就往往陷入危境，难免战败。

任何一个人想要实现自己的理想，就必须拥有思维的"幽径"。只有拥有了这种创新的能力，才能在遇到难以消除的困扰时，用积极乐观、正面的能量解决问题，才能从原有的模式中找到突破点，以全新的角度看待问题，才有可能解决棘手的问题。科学家们之所以能够创造他人所不能想到的事物，是因为他们善于在原有的基础上，另辟蹊径，寻找思维的"幽径"，这就是创新能力。成功者与失败者的区别就在于前者善于用正向的能量寻找思维里的"幽径"，懂得用思维创造奇迹，这种能力就是人类进步的动力，也是一个人智慧的体现。人一生的成就，都来自于正面的思维能量，如果能够发挥这种能量，不管遇到多大的困难和挫折，都会迎刃而解。所以说，阻碍一个人前进发展的，不是艰难挫折，也不是有限的自身能力，而是其一成不变的观念。

北大人在遇到问题时，会竭尽全力地寻找方法，他们知道只有寻找方法，问题才有可能解决，这就是正面思维能量的体现。可以说，一个问题是否能够顺利地解决，主要在于你能否从正面去思考。只有善于思考、具有创新思维的人，才能抓住成功的机会。在生活中，很多人在面对一个难题时，总是轻率地认为"无法解决"。事实上，人们只是被常规所限制，而成功者就敢于拆掉思维的墙，寻找思维里的"幽径"，对他们来说，任何事情都会找到办法解决。

4

最出色的工作常常是在逆境中做出来的

　　北大教授谢冕在一次毕业典礼上表示，逆境使人坚强不屈。他引用了雨果的一句话："人身处逆境时比在顺境中更坚韧，逆境比顺境更容易让人保全身心。"人们都知道顺境可以让自己飞得更高，却都不明白真正使自己走向成功的是逆境。因为逆境激发了人们的潜能，磨练了人的毅力，所以才更容易使人取得成功。

　　大多数情况下，失败者在逆境中看到的是毁灭，而成功者看到是希望。失败者往往都是在逆境中选择放弃，最终不战而败；而成功者积极乐观地克服一切磨难，最后靠着坚忍不拔的毅力取得了胜利。很多时候，人们并不是被逆境所绊，而是被顺境所困。很多人都知道这个实验：把一只青蛙丢放到沸水中，受到沸水的刺激后，青蛙便会拼命地挣脱，跳出沸水；但是如果将青蛙放到冷水中，然后将冷水煮沸，青蛙便会在不知不觉中死去。由此可以得出，第一只青蛙在面对不利的逆境时，由于拼命地挣脱，所以逃离了危险；而第二只青蛙，因为一开始处于顺境之中，没有忧患意识，在危难来临时还毫无知觉，最终丢掉了性命。人也是如此，只有在逆境中得到成长，才有能力去面对未来道路上的磨难。

　　古代著名军事家孙武曾说过："军争之难者，以迂为直，以患为利。"这句话的意思是，一个军队想要获得胜利的先机，要将迂回的道路作为直路，将不利的条件作为自己的优势。历史上很多名将正是运用了这一思想而打赢了一场场以少胜多的战斗。古代名将韩信所统领的井陉背水之战，就是一个很好的例子。生活中，人们在面对挫折的时候也应如此，将突如其来的厄运作为自己成长的辅助，让自己逐渐变得坚强、成熟起来，这样才能获得最后的成功。

任何事物都具有两面性，逆境虽然是生活的不利条件，但也正是这种不利因素促使人们得到成长，将坏事变为了好事。逆境磨炼了人的意志，将弱者变为了强者。如果人们都能将所遭遇的逆境看成是对自己的锻炼，笑对人生，那么他就会冲破重重阻力，顺利地到达成功的彼岸。

一个女儿向爸爸抱怨道："为什么我的人生总是这么痛苦，我多么想快乐地走下去，但困难与挫折总是一个接一个，让我无法招架！"作为厨师的爸爸，没有说话，拉着亲爱的女儿到了厨房。他烧了 3 锅水，当水沸腾后，他在第一个锅里放进了咖啡，第二个锅里放入萝卜，第三个锅里放进一个鸡蛋。女儿奇怪地看着爸爸，不知所以然，爸爸牵着她的手，示意她不要说话，静静地看着沸腾的水，锅里的水正以炽热的温度烧煮着咖啡、萝卜与鸡蛋。过了一会儿，爸爸将锅里的萝卜与鸡蛋捞了出来盛在碗里，又把煮好的咖啡倒入杯中，然后问女儿："你看到了什么？"女儿说："咖啡、萝卜、鸡蛋啊！"爸爸又把女儿拉过来，让她捏了下沸水煮过的萝卜与鸡蛋。萝卜经过烧煮后已经变得软烂，鸡蛋经过滚煮后壳内的液体也变为了固体。最后，爸爸又让女儿尝尝咖啡，女儿闻着浓浓的香味喝了下去。

女儿喝完咖啡后，笑着问："爸爸，这是什么意思？"爸爸解释道，这三种东西，面对相同的逆境，即同样的沸水，反应却不尽相同——原本坚硬的萝卜变得软烂，而蛋壳内的液体也在沸水之后变成了固体，只有那咖啡比较特别，当温度升到一百度时，水就翻滚成了香浓的咖啡，水越不停地沸腾，咖啡也就愈加香浓，最后竟然改变了水。"你呢？亲爱的宝贝，你是什么呢？"爸爸温柔地拉着已经长大、但缺乏勇气的女儿说："当逆境来临时，你将会怎样对待呢？

你是想当看似坚强，但在遇到逆境时变得软弱的萝卜，还是想当坚硬外壳，却有易变的内心的鸡蛋呢？抑或想当遇到困难时竟然改变了环境的咖啡呢？宝贝，当逆境来临时，你要让逆境摧折自己，还是要将它作为自己人生的宝藏，让它把身边的事物变得更美好？"女儿听完爸爸的话后，若有所思，不一会儿，她便笑着对爸爸说："我明白了。"

希望我们每个人在面对逆境时都能像咖啡一样，而不是随境所转的萝卜与鸡蛋。世界上的任何事情都有隐性，挫折中常常隐藏着很大的机遇，挫折越大，成功的机会也越大，只要你找到逆境中隐藏的宝藏，就能使自己蜕变成一个快乐、独立的人。逆境并不可怕，相反，它是人生中最大的财富。虽然所有人都拥有这种财富，但是并非每个人都能去运用这笔财富。积极乐观、拥有正能量的人，会将逆境作为提升自己能力的机会，在逆境中变得顽强，收获坚不可摧的力量；而那些消极的人却将逆境作为自己的阻力，从而怀疑人生，最终碌碌无为。

北大人之所以能够比他人拥有更多成功的机会，就是因为他们善于发现逆境中的机遇，并能够迎着逆境创造奇迹。贝费里奇曾说过："人们最出色的工作常常是在逆境中做出的。"是的，真正的天才会将逆境作为自己人生的宝藏，也会将逆境作为自己施展才华的舞台。只有懂得苦难裨益的人，才能过上明智而真实的生活。

5

守护自己的梦想，地狱也会变为天堂

梦想是人的一种欲望，有了它，人生才有活下去的动力，才有让自己开心的理由。想要取得成功的人，必须守护住自己的梦想，实现自己的梦想。人们只有心存梦想，机遇才会围绕你，幸福才会降临到你身边。李思思，毕业于北大新闻传播学院。2012 年，年仅 26 岁的她成为春晚舞台上最年轻的主持人。她认为，人生最值得骄傲的事情就是凭着自己的努力实现自己的梦想。每个人都应该有充足的勇气去面对挑战，用满腔热情去追逐、守护自己的梦想。

一个人只有守护住自己的梦想，并为之不懈地去努力奋斗，才能实现自己的梦想。有人认为，还是现实点吧，不缺吃不少穿就行了，还谈什么遥不可及的梦想。人之所以活着，就是因为心中充满希望。如果一个人没有了梦想，人生就失去了乐趣，人也就失去了精神的力量，与机器人没有分别。

亚洲首富孙正义，在他刚开始创业的时候，公司只有两张借来的桌子。公司的员工，加上他自己，只有三个人。在公司开业那天，他搬来了一个箱子放在办公室，然后站在箱子上，面对两名员工，开始激情演讲，讲他未来的 50 年大计划，并指出未来公司营业额将超过1 兆日元，约合人民币几百亿元！两位员工听着老板的梦想，觉得他疯了，马上辞职不干了。孙正义当时只有 20 岁，一晃 20 年过去了，他成为了亚洲首富，资产已经高达 3 兆日元。谈起自己的成功，孙正义说道："最初拥有的只是梦想与毫无根据的自信，然而一切正是从这里开始才成为了现实！"而且他还为自己制定了下一个梦想："我希望在信息化社会进入第四个阶段时，我们的企业能够列为世界前十位，我的梦想是世界第一。"

人活着就要守护住自己的梦想。人与动物最大的不同就是，人懂得追逐自己的梦想。哪怕只是一个小小的想法，只要为之付出努力，就可以让它成为人生不可磨灭的希望。生活中你所做成的任何事情都是你梦想成真的结果。一个人拥有怎样的梦想，就会拥有怎样的人生。人类如果没有梦想，怎么可能会飞上天，迈向太空？设定一个梦想容易，但是守护住自己的梦想很难。只有勇敢面对任何挑战并能坚持不懈依照自己的信念走下去，始终守护自己梦想的人，才能够获得最后的胜利，实现自己人生的价值。然而，能够守护自己梦想的人寥寥无几，正是如此，生活中能够取得伟大成就的人屈指可数！想要在人群中崭露头角获取成功的人生，守护住自己的梦想尤为重要。

英国一名教师，叫做布罗迪。他在整理储藏室的旧物时，看到了学生的一沓作业本。他随手翻了一下，这些都是皮特金幼儿园的作文册。他看到了学生们的作文是：未来我是……他原以为这些作业本在德国空袭学校时被炸飞了，谁料它们竟然完整地保存在自己的家里，整整 50 年。布罗迪随手翻了几篇作文，很快他就被孩子们各种各样的想法所迷住了。例如，有一个叫卢克的孩子写道，未来的他想做一名海军，因为他曾经在海中游泳，喝了足足几升水都没被淹死。还有一个小家伙说，自己未来肯定是法国总统，因为自己能记住法国所有城市的名字，而班上的其他同学只知道几个城市。最令人惊讶的是，一个叫戴维的小盲童坚信自己肯定是一个内阁大臣……总之，每个孩子都在作文中写下了自己的梦想，有当驯兽师的，有当作家的，有做将军的，五花八门、各种各样。

布罗迪看着这些作文后，心里产生一种冲动，他想将这些作业本送回学生的手中，让他们看看自己是否圆了自己 50 年前的梦想。后来，一家报纸知道他的想法后，为他免费发布了一则启事。几日后，布罗迪收到几十封书信。其中有学者、官员，更多的是一些平凡的人物。他们都很想知道自己幼时的梦想，并且很想得到那本作文本。于是，布罗迪一一给他们寄了过去。一年后，只剩下戴维的作文本依然留在布罗迪的家里。他想，这个人或许已经去世了，因为毕竟50年过去了，什么事情都可能发生。就在布罗迪打算将本子送到私人收藏馆的时候，他收到了内阁教育大臣布伦科特的信。信上说："我就是戴维，感谢您为我保存幼时的梦想。但是，我已经不需要那个本子了，因为从那个时候起，那个梦想就一直印在了我的心里，从未消失过。今天，我已经实现了我的梦想，我想通过这封信告诉同学们，只要守护住自己的梦想，不让它随着时间而消逝，成功迟早会到来的。"

一个盲童通过自己坚持不懈的奋斗成为了内阁教育大臣，他究竟是凭借什么力量获得了这样的成就呢？其实，戴维的成功正是因为他儿时有一个梦想，而他也从来没有让自己的梦想随着岁月消失。

可以说，如果一个人想要美梦成真，首先他要有一个梦想。任何人所完成的一切都是始于心中的梦想。万物源于思想，万事成自梦想。生活中每件事情原本都只是一个梦想。飞机、电脑、一千万的存款、北京大学的录取通知书，每一条路，每一本书，每一所学校……在成为事实之前都只是一个梦想，有了梦想才能付诸行动，才能逐渐地实现它。成功学大师拿破仑·希尔说："除非你说出目的地，否则你无法成功。"没有梦想的人就没有动力，就无法战胜自己的懒惰，无法把握自己的时间，无法面对人生的困难与挫折。什么都不想要，就什么也不会得到。心想才会事成，将自己的梦想印在心里，抛弃任何的束缚守护住它，不管它未来能否实现，都要守护住它，因为它是你前进的希望，是你人生的动力。

6

主动出击，一切尽在你的掌握

北大校长马寅初曾在一次演讲中说过："主动出击，将梦想付诸行动，才能把握自己的未来。"他将人分为两类：一类是主动出击的人，另一类是不愿出击的人。这两种人都可能心怀大志，想有所成就，但是只有那些主动出击的人才能承担责任，取得最后的成功。

在人生的激烈竞争中，重要的不是自己的能力，而是你如何对待自己的能力，如何发挥自己的潜能。能力本身固然十分重要，但是如果缺乏主动性，最多也是完成自己应尽的职责，并不能有突出的表现。只有发挥主动性，才能把人的才能调动出来，让人们的身心潜能发挥到极致，创造奇迹。

在日常生活中，人们经常会碰到这些事情：去食堂打饭，服务员却告诉你他们已经下班了；排队买票，轮到你的时候工作人员却告诉你票卖完了；好不容易相中一双鞋，导购员却说没你穿的号了……类似于这样的事情太多了，你是选择默默离开，还是主动出击竭尽全力去寻找每一个可能的机会？

莎莉和她的丈夫在法国度假后准备返回家乡，为了能够坐在一起，他们提前 5 个小时到了机场。但是，很多人已经将座位预定好了，留下的最近的两个空位也相隔了 9 排。于是，会法语的莎莉点燃了自己的激情，执著认真地开始和机场工作人员交涉，希望能够换下座位。在尝试了各种方法后，那位已经晕头转向的地勤工作员告诉莎莉，除非有人退票才能调换位置，否则她再纠缠下去，也于事无补。

看来调换位置的事情已经不可能解决了。因为当时正是暑期高峰，飞机肯定已经满员了，有人退票的几率几乎为零。莎莉的丈夫也劝她放弃，但是她还是有点不甘心。还有半个小时就要登机了，他们在登机口附近的地方坐着。突然，莎莉一下子站起来，奔向登机口旁的服务台，那里有一个地勤人员正在悠闲地坐着。丈夫看着妻子心想："这下又有人要遭殃了！"

莎莉与那名地勤人员进行交谈后，垂头丧气地回来了："他说让我们登机后找空乘人员帮我们说服旁边的乘客调换位置。"丈夫听后，很知足地说："行了，旁边的乘客一定会给我们调换的，谁不愿成人之美呢？赶快坐下吧，还有 15 分钟就要登机了。"可是，莎莉还是没有平静下来，她对丈夫说："不行，等会儿登机后，大家不是在找座位就是在放行李，手忙脚乱的，谁有时间和我们换位置呢？"莎莉又向服务台走去，过了一会儿，机场的广播中开始呼叫与她邻座的乘客。接下来的事情就顺利了，与莎莉邻座的那位是一名留学生，他单身一个人，很爽快地就与她换了位置。登机时间快要到了，刚才与莎莉交涉的地勤人员正在头等舱的通道口值守，那里的乘客比莎莉他们要早几分钟登机，人已经走得差不多了。这时，莎莉跑过去跟那位已经很熟的地勤人员说："我们的行李比较多，能不能走这个通道？"那位地勤人员笑着说："可以！快点，通道马上就要关了。"就这样，莎莉与丈夫心满意足地坐上了飞机。

无论是面对什么事情，只有主动出击，才能占据优势地位。如果莎莉没有主动去争取，他们可能就不会坐在一起。每个人的人生都不是上天安排的，而是自己去争取的。人们只有主动行动，才能锻炼自己，并为自己美好的未来积蓄力量；如果任何事情都要靠他人来督促，那么你就已经落后了，因为那些主动行动的人早已挤在了你的前方。

在竞争激烈的现代社会，人们在工作中更应主动出击，这样才能把握转瞬即逝的机会。任何公司都喜欢用积极主动的员工，任何老板都欣赏那些主动寻找任务、主动承担责任的员工。主动出击，就是能够随时把握机会，并发挥为了实现目的而不惜打破常规的才能与智慧。那些在工作中表现被动的员工，只会墨守成规、避免犯错，凡事按照公司的规定执行，公司没有要求的事绝不会插手；而主动性强的员工则勇于承担责任，发挥创意，从而能出色地完成任务。

比尔·盖茨曾说过："一个优秀的员工，会积极主动地去做事。积极主动地提高自身的能力。"主动才能增加自己锻炼的机会，才能增加实现自身价值的机会。企业只是为你提供展示自己的平台，演出需要你自己进行排练。你的人生能演出什么精彩的故事，关键在于你自己。

一名成功学家曾经聘用了一个年轻的姑娘给自己做内勤，替他拆阅、分类信件。有一天，这名成功学家说了一句格言，让她用打字机记录下来："你唯一的限制就是自己脑海中所设的那个限制。"女孩听了这句话后，大受启发。

从那天起，她每天下班后继续留在办公室工作，不计报酬地做一些并非是自己的职责的事情，比如帮老板给读者回信。她认真地研究老板的语言风格，尽量使自己与他写的一样好。她一直坚持这样做，并不在意成功学家是否注意到自己的付出。后来，老板的助理因故辞职，他自然而然地提拔了这个姑娘，她的工资也翻了两番。

世界上有两种懒惰：一种是身体上的，另一种是心理上的。无论是哪种懒惰，都必定通往失败。任何人，只要他愿意都是可以主动出击的。很多人之所以不去行动，就是因为他们懒惰，不愿下定决心奋勇前进，或许他们也采取了行动，但是如机器一样工作。成功人士善于将自己的理想付诸行动，如果一个人没有行动力，不能主动出击，那么无论他拥有多大的才能，理想也只会是空想。主动出击是成功的前奏，只有积极主动才能掌握未来的方向，收获丰厚的回报，踏上自己人生的最高峰。

7

自我反省，人生中最难得的"才能"

曾任北大教授的胡适先生说过："一个懂得自我反省的人，才有可能取得进步。"世界上没有完美的人，所有的人都存在不同的缺点，人们只有对自己的行为进行反省，才能不断地完善自我。古今中外，凡是有所成就的人，都懂得自省，从而取得进步。从心理学角度来分析，只有拥有自省的能力，敢于面对自身的缺点，才能改善自己的心智模式。

其实，每个人身上都有两种倾向：一种向往上帝，一种向往撒旦。苏格拉底曾说过："没有经过反省的生活是不值得过的。"一个人只有不断地进行反省，才能让生活变得有意义。任何人都需要反省，只有在反省中才能远离"撒旦"、靠近"上帝"。一个人只有不断地自省，才能在人生的旅程中不迷失方向，才能使人生的价值得到提高。人们只有通过自我反省，才能明白自己在生活中出了哪些问题，并及时地纠正它们。人就像一块天然的矿石，需要不断地进行雕琢，才能去掉自身的累赘，在精雕细磨中变得光彩亮丽。有位哲学家曾说过："如果人们都能够从年轻时就开始自省，世界上便会有一半的人可以让自己出人头地。"这句话正道出了反省对生命的意义。可以说，一个人的自我反省就是自身修炼的一个过程。

古时候，有一位妇人，脾气暴躁，常常因为生活中的一件小事就乱发脾气，与街坊四邻的关系也非常不融洽。因此，她整日闷闷不乐，十分恼怒。但越是这样，她就变得越容易生气。一个朋友对她说，山上的庙里有一个老和尚是个得道高僧，可以请他帮忙消除这个烦恼。

于是，妇人上山去找那个高僧。高僧听了她的诉说后，就将她领到了柴房门口，并请她进去。妇人觉得很是不安，但还是硬着头皮进去了。谁料她刚进去，这位高僧就迅速地将门反锁，然后转身就走。妇人一看，火冒三丈地吼道："你这个臭和尚，为什么把我关在这里？快点放我出去！"高僧笑道："等我放你出来后，你又该骂我是秃驴了！你还是在里面好好呆着吧！"妇人听后，急跺着脚骂道："你这该死的秃驴！"高僧听后没有说话便转身走了。就这样过了一个时辰，妇人总算是平静下来了。高僧走过来问她："你还觉得生气吗？"妇人说："我在生自己的气，为什么我来这里受你的气呢？"高僧听后说道："连自己都不会原谅的人怎么能原谅他人呢？"说完拂袖而去。又一个时辰过去了，高僧又过来问了同样的问题，妇人说："生什么气！气也不管用！"高僧说："你还在生气，只是已经压在心里，一旦爆发仍然十分激烈。"说完又离开了。第三个时辰也过去了，妇人对高僧说："生气实在不值得！"高僧笑着说："你觉得不值得啊！看来在心中衡量了很久，依然是有气的。"等高僧第四次来的时候，妇人说："大师，我现在觉得有什么好气的呢？生气不是自找罪受吗？"高僧微微笑道："看来你想明白了啊！如果你能够做到时刻反省自己，还有什么可气的呢？"

这位妇人正是通过了几个时辰的反省，认真地进行了自我检讨，彻底剖析了自己，所以不再生气了。当人们遇到问题时，与其生气抱怨，不如进行自我反省。一个人如果想要不断地前进，就要不断地自我反省。无论你是失败者还是正处于成功中的人，都要时刻自我反省，这样才能将明天的事情做得更好。

人们如果能够每天给自己留一点反省的时间，对自己的所作所为进行反省，就会消除思想上的灰尘，完善自己的心灵。雨果说："被人揭下面具是一种失败，自己揭下面具是一种胜利。"所以说，人们时刻反省自己，就能打开智慧的大门，让自己逐步地走向成功。

海涅说："反省就是一面镜子，将人们的错误清楚地照出来，使人们能够得到改正的机会。"事实上，一个人生活中最大的敌人就是自己，世界上没有谁能将你击垮，只有你自己才能将自己推向深渊，将自己带向歧途。所以，人们只有审视自我，敢于否定自我，改正自我，才能超越自我，让人生的价值得到最大的体现。因此在日常生活中，人们应该学会经常问问自己做错了什么，并找到其中的原因，及时地对过失进行纠正。无论你有多么的出色，也要经常反省自己能够取得成功的原因是什么。每个人都会犯错误，错误本身不是最可怕的，可怕的是不知道自己犯了错。对于懂得自我反省的人来说，失败就是其通往成功的过程；而不懂得反省的人，失败就是其永远不能摆脱的泥沼，只会让他越陷越深。

第二章

【生命正能量】

北大给你雄心壮志的紧迫感

贝多芬说："我要扼住命运的喉咙！通过苦难，走向快乐。"这是一种强烈的感情力量，唯有这样强的感情力量，才有足够的热情，如果不把自己的力量发挥到生命的极限，就没有机会创造成功的人生。北大学子俞敏洪说："上帝创造人类的时候，就把我们制造成不完美的人，我们一辈子努力的过程，就是使自己变得更加完美，我们的一切美德都来自于克服自身缺点的奋斗"。这是一种积极的思维方式，正是这样的思想，才使得生命充满正能量，无论在什么时刻，都能冷静、客观地面对自身遭遇的一切，然后，以饱满的热情投入到工作和生活中去。英国心理学家理查德·怀斯曼把人体比作一个能量场，通过激发内在潜能，从而使人表现出一个新的自我，这个"新"我，更加充满自信，充满活力。北大在培养当代学子时，更加关注学生的心理健康，他们希望将来走向社会的北大学子，是乐观的、积极的，充满生命正能量的人。

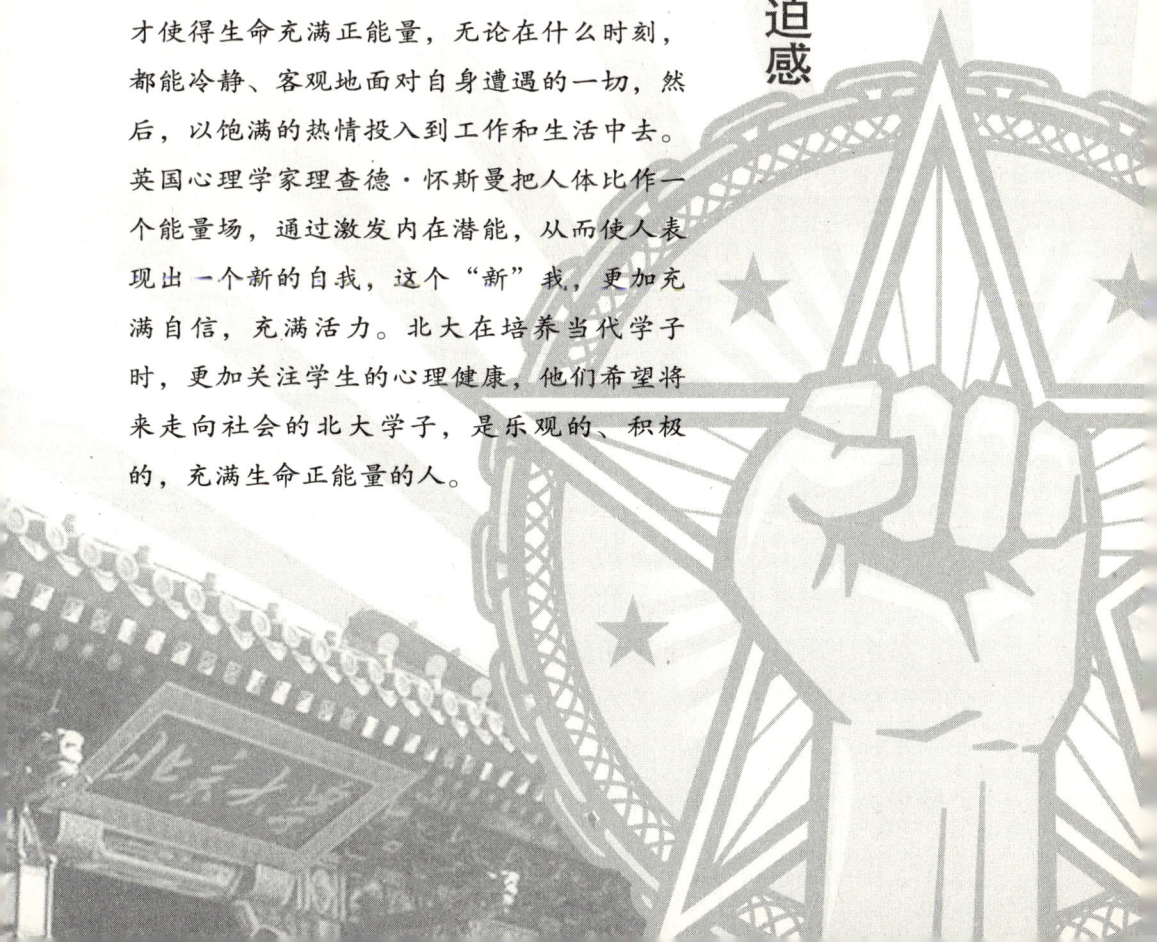

1

北大教授告诉你：人的一生就是自我塑造的一生

　　人们可能都想过，该如何成为自己想成为的人？北大教授季羡林表示，人的一生就是自我塑造的一生。想成为什么样的人，那要看怎样塑造自己了。一个人能有什么样的人生，并不是先天决定的，主要取决于自己后天的努力。

　　一个二十几岁的乞丐在街上行乞，遇到一位中年人。中年人看了看他，从衣兜中拿出几个铜板给了他，并自言自语地说："总比偷和抢好。"年轻的乞丐听了中年人的话，心里美滋滋的，想不到世界上还有人肯定他。于是，第二天他又毫无愧色地出去行乞，这次他遇到了一个老农夫，他向农夫伸出手后，农夫上下打量了他一圈，然后捞起自己的裤腿说："看，我年纪都一大把了，还下地干农活养活自己，你这么年轻力壮怎么干这一行？"农夫的话让年轻的行乞者羞愧得满脸通红，转身疾步远去。当他一口气返回到自己的破茅草房后，耳边依然回荡着农夫的话："怎么干这一行？"几年后，破烂不堪的茅草屋变成了楼房，一身整洁鲜亮的服装衬托着神采奕奕的面容。一日，他带着妻儿来到农夫的家："是您让我捡起了自己的人格和自信，是您让我看到了前途和希望。"农夫忙说："哪里哪里，这都是你自己奋斗的结果，继续努力吧，你的人生会越来越好。"

　　年轻乞丐幡然醒悟，换了一种活法，并获得了与之前截然不同的结果。从这个案例中可以看出，不是"命运"赐予一个人富有或贫穷，而是态度改变一个人的人生。

一个人活着，就要给自己一个目标。而在向目标不断靠近的过程，也就是不断自我塑造的过程。

在宜春，一位残疾人一手创办起了一所自闭康复教育中心，为很多自闭症的儿童开创了一片温馨天地。这位创办自闭康复中心的残疾人就是黄宜萍。她在下岗前，曾是一家粮管所的助理会计。舒适的工作、稳定的收入给了她安稳的生活，但是她始终按捺不住想出去闯一闯的决心。因为她一直觉得安逸的生活并不能给自己带来快乐，时间久了，反而会将自己的创业激情磨灭。虽然她知道一个残疾人创业要付出比常人更多的艰辛，但她相信，只要永不言弃，成功就在前方。怀揣着梦想，黄宜萍踏上了创业之路，用不屈不挠的姿态向人们证明着残疾人也能在创业上取得成功。

其实，在黄宜萍刚刚下岗的时候，也觉得自己的生活一下子失去了方向，很迷茫，不知做什么好。在南昌工作的一个同学建议她去开一家幼儿园。听了这件事之后，她很吃惊，原来她一直以为幼儿园只有政府才能开，没想到私人也可以创办幼儿园。带着顾虑，黄宜萍来到南昌参观了同学介绍的一家幼儿园。这次参观让她感触很深，觉得办幼儿园是个很有前景的事情。

1992 年 8 月，黄宜萍决定利用父母在东浦建的一栋三层楼房开办一所幼儿园。但是，这个决定遭到了她丈夫的坚决反对。正愁没有启动资金时，大伯向她伸出了援助之手。看到女儿的决心后，黄宜萍的父母最后也表示支持。那时，东浦刚开发的小区，到处都在建房子，不好走，为了不影响招生，黄宜萍便挨家挨户去调查。到开学时，幼儿园终于招到了 16 名孩子，并请到了一个能吃苦又好学的女孩当老师。最初，因为黄宜萍是残疾人的缘故，遭受到了很多的冷言冷语，但这些也没能挫伤她的积极性，反而激励着她继续前进。她把16 个孩子分成两个班，黄宜萍带的班上有个叫毕辉的男孩，他爷爷是一名退休老师，每次放学，毕辉都是爷爷来接。有一天，毕辉的爷爷对黄宜萍说："黄老师，我这两天接孩子来得比较早一些，站在门外听到你讲课确实不错，你以后一定是一个出色的好老师。"毕辉爷爷的这番话，让黄宜萍很受鼓舞，于是，她下定决心，一定要做得更好。

时间过得很快，一年过去了，幼儿园已经有 60 多名孩子了。为了提高自己的专业知识，黄宜萍虚心向幼教的老前辈学习，还参加了市里举办的第一届幼师培训班。酷暑七月，黄宜萍顶着炎炎烈日，从东浦赶到二中，单趟就是 5 公里路，外加四十个台阶。而就在这个七月，她父亲突发脑溢血住进了医院，她每天上课前都要去看望父亲。由于母亲同时要照看老伴和外孙女，所以有些忙不过来。为了减轻母亲的负担，她和弟弟晚上轮流照顾父亲。就是在这样的情况下，黄宜萍依旧没有放弃学习，并顺利拿到了幼师合格证、园长合格证。

在黄宜萍的精心管理下，幼儿园逐渐得到许多家长的认可，没过多久入园儿童就达到了 300 名。于是，她又租了一栋楼。然而，事业刚有起步的黄宜萍，不久之后，又经历了人生的再一次打击——和丈夫离婚。离婚时她争取到女儿的抚养权，并背上了几万元的债务。她当时的想法很简单，就是希望把幼儿园经营好，将女儿抚养长大并还清债务。在这段人生最痛苦、绝望的日子里，黄宜萍总是会找来一些励志的文章看，听音乐，家人和朋友的鼓励也给了她很大的精神安慰。

后来的一件事让黄宜萍感悟很深。一天，一位年轻女子领着一名5 岁男孩来找她，并跟她介绍了自己孩子的状况。原来这个男孩长到了 5 岁，还不会说话，送了几家幼儿园都拒收，于是，女子找到了黄宜萍开的幼儿园。黄宜萍留下了这个孩子，并为这个孩子制订了一套教学方案。半年后，这位女子的孩子刘聪安竟然开口讲话了，虽然语言还缺乏连贯性，但这样的进步让他们对刘聪安的康复有了更大的信心。同时，刘聪安的事例也让黄宜萍感到要不断充电，提升自己的教学能力。当她听说父母好友的女儿杨老师在上海从事智障孩子的学前教育，并做得很成功时，她决定趁暑假去上海拜师学艺。到了上海之后，黄宜萍第一次看到了一群特殊的孩子，接触到了治疗自闭症采用的 ABA 教学、TEACCH 教学方法，这让她大开眼界，受益匪浅。

从上海回来后，黄宜萍决定开一家自闭症的康复教育中心。而此时在上海从事了六年特殊教育工作的邓老师也刚好回到宜春。黄宜萍从邓老师那里接触、了解了一些自闭症孩子的家长，并免费给孩子上课。但让她难过的是，一些家长不愿意接受孩子有自闭症的事实，错过了孩子的最佳康复期。经过半年时间的精心筹备，黄宜萍的康复教育发展中心终于成立了，招收 3—12 岁以下自闭症、智力残疾、肢体残疾儿童，经过康复教育和智能教育，使得大部分智残儿童进入普通小学或特教学校接受义务教育。确实无法进入小学或特教学校的孩子，康复教育中心将对他们继续进行职业康复教育，使他们掌握一门辅助就业的技能，让孩子更好地融入社会，在老师教育、家长的监护下辅助就业，使他们有基本的生活来源，解决特殊孩子家庭的后顾之忧，为孩子搭起幸福桥梁。

黄宜萍的康复教育中心从正式上课以来，深受家长欢迎。黄宜萍的事业也越做越大，就是这样一个身残志坚的女子用顽强的意志一次一次创造不同的自我，让自己在重塑自我的过程中感受到生活的充实和意义。

2

让压力成为反张力，还生命以效率

当今社会，人们都感受到了生活过重的压力，但是，如果自己有效地建立内心价值系统，那么，压力就会变成反张力。

英国科学家公布过一个实验，他们为了试一试南瓜这样一个普通植物生命力能有多强，做了一个实验，在很多同时生长的小南瓜上加砝码，加的前提就是它们所能承受的最大极限，既不要将它们压碎，也不要把它们压得不再成长了，就是在确保它们还能成长的前提下压最多砝码。只有一个南瓜压得最多，从一天几克一直到一天几千克，直到这个南瓜和别的南瓜一起长大，长到成熟的时候，这个南瓜上面已经压了几百斤的分量。最后的试验就是把这个南瓜和其他南瓜放在一起，试一试用刀刨下去是怎样的质地？当别的南瓜手起刀落便噗噗裂开的时候，这个南瓜却是刀下去就被它弹开，斧子下去也弹开了，最后实验者拿来电锯才生生地锯开。南瓜果肉的强度已经相当于一棵成年的树干。这个实验是现代人所处的外在环境与内在反张力关系最好的再现。

心理学家弗兰克尔认为，人在面临压力的时候，应当理性地分析，并将这种分析用作生命意义寻找的一个工具，就是悲惨的乐观，也就是要将感受到的痛苦转换为有意义的经验，并且以对生活事件的积极态度学习鼓舞人心的例子，即在那些有压力的痛苦环境中建立勇气，并寻找生活的意义。在痛苦经验中寻找生命意义并不是容易的事情，因此，在痛苦的情境中人们往往自怨自艾，因此，往往看不到压力的益处。对此，弗兰克尔认为人在精神上烦恼和情感上痛苦的时候，应该在心灵中执行并检查你的自我意识，这种方法有助于寻找理想和价值所在。他认为，在某种程度上，压力对人们的精神健康起到了非常重要的作用。如果能理性分析并很好利用，这将会成为自我发展的助推力而不是阻力。弗兰克尔主张建立目标的概念来帮助寻找个体生命中的意义。目标包括创造性地说明你将去哪里、你的毅力和你得到的能量。

美国总统林肯生于贫寒家庭，为生活所迫几次随父亲背井离乡，9 岁时，母亲因肺结核病逝，而他与父亲的感情远不如与母亲的感情深厚，17 岁时姐姐又死于产房。林肯从小就感受到了世态炎凉，为富不仁。因家庭贫困，林肯接受学校教育的时间加起来只有一年，但他一直没有放弃自学，并创造各种机会提高自己的学识和能力。后来，林肯一心想走从政之路，曾先后多次竞选议员失败，期间又遭遇两次创业失败，而这些都没能将他击垮。在他 24 岁的时候，未婚妻去世，她是林肯一生唯一爱过的姑娘，这次精神打击对林肯很大，他心力交瘁，数月卧床不起。林肯在经历了企业倒闭、情人去世、竞选败北等一系列的打击后，仍然没有放弃自己的梦想，最终竞选总统成功。林肯的一生是顽强拼搏的一生，尽管生于贫寒、屡次受挫，但这些都没能阻挡林肯像棵大树一样成长得茁壮挺拔。

有一些人在面对困难的时候，会选择逃避，而有一些人偏偏喜欢迎难而上，尽管一次次经受挫败，也不放弃，顶住外在的压力和内心的犹豫彷徨，坚持到最后，见到"彩虹"。

著名学者沈从文，是湘西"行伍"出身，几乎没念过几年书，13 岁就独立讨生活。但他经过艰难的生活历练，特别是北大风气的熏陶，终于成为现代中国知名作家之一，成为北京大学的一名教授。1922 年沈从文脱下军装，来到北京，他渴望上大学，可他仅仅接受过小学教育，而且在北京没有半点经济来源，最后，他只能在北大做一名旁听生。那时，五四热潮已经减退，但北大依然是新思潮活跃中心，兼容并蓄的办学方针和开放式教学方式，允许旁听生自由出入北大选课，这些旁听生渐渐地在意识上把自己当成了北大人，共同领受并参与造就着北大的民主科学精神。沈从文就是旁听生一族，也就是那段时期，他的思想进入了一个新的境界，许多以前在乡下毫无所知或迷惑不解的东西，至此豁然开朗。沈从文一边在北大旁听，一边在香山慈幼院打工，一边勤奋写作。在他生活最绝望的时候，还曾写信求助于郁达夫，郁达夫登门看望了这位衣衫褴褛的湘西青年，并慷慨相助。在北大学习期间，沈从文阅读了大量书籍，他没有像一般学生那样一味追逐新潮，而是更多地关注新的文化冲突以及传统的延续与转型等问题。在此期间他学日语，还结交了许多朋友如丁玲等人。正是北大的学习环境与精神使沈从文走上了文学创作之路，并成为中国现代著名学者。沈从文之所以能取得这样的成就，是他在艰难的生活压力下坚持自己理想并为之不懈努力的结果，当然，还有北大赋予的文化思想。

俞敏洪说："只有两种人的成功是必然的。第一种是经过生活严峻的考验，经过成功与失败的反复交替，最后终于成大器。另一种人没有经过生活的大起大落，但在技术方面达到了顶尖的地步。比如学化学的人最后成为世界著名的化学家，这也是成功。"

心理学家弗兰克尔坚信，精神健康对于寻找生命意义和处理那些由各种生活经验带来的痛苦是非常必要的。因此说，人们需要正能量，因为拥有正能量才能让生命更有抗击压力和挫折的动力。

3

悲观只能让生命走向黯然

北大教授胡适曾说过："如果把生命比作一艘船，那么悲观就是船底的污水。"乐观者总是相信自己有足够的行为能力来承受和减弱原有负向价值对于自己的不良影响，并使原有正向价值发挥更大的积极效应，而悲观者既不相信自己有足够的行为能力来承受和减弱负向价值对自己所产生的不良影响，也不相信自己能够使正向价值发挥更大的积极效应，他们认为负向价值对于自己的不良影响将是巨大的，而正向价值对于自己的积极效应却是非常有限的。

事物的本身没有悲乐，只是感受事物的心灵有着悲观和乐观之分。但是，这样的两种心态，却是决定着不同人生走向的基点。

欧·亨利在他的小说《最后一片叶子》里讲了这样一个故事：病房里一个生命垂危的病人，从房间里看到窗外的一棵树，叶子在秋风中一片一片地飘掉下来，病人望着窗外随风飘零的落叶，身体每况愈下，一天不如一天。她说："当树叶全部掉光时，我也就要死了。"一位老画家得知此事后，用彩色的画笔画了一片叶脉青翠的树叶挂在树枝上。就这样，最后的这片叶子始终没有落下来，也正是因为这片绿，病人的病奇迹般地好转了起来。可见，"希望"对于一个人是多么重要，而悲观的人缺少的恰恰就是一种向着生命积极的方向去思考问题的思想。

如果一个人一直处在悲观消极的状态，那么他的人生只能是黯然一片。

有一对性格迥异的双胞胎，哥哥是一个彻头彻尾的悲观主义者，而弟弟则是一个天生的乐天派。在他们 8 岁时的圣诞节前夕，家人希望改变这两个孩子极端的性格，于是，为他们各自准备了不同的礼物：给哥哥的礼物是一辆崭新的自行车，给弟弟买的礼物则是满满的一盒马粪。当家人把礼物送给他们兄弟后，就等着他们的反应。哥哥拆开礼物，见是一辆自行车，就开始大哭，并说："你们知道我不会骑自行车，而且外面又下着这么大的雪！"正当父母忙着哄他高兴的时候，弟弟也打开了礼物盒子，屋子里顿时充满了马粪难闻的气味。出乎意料的是，弟弟在看到马粪的时候，竟然欢呼起来，冲到父母身边大声兴奋地问道："快告诉我，你们把马藏在哪里？"

悲观者和乐观者的区别就在于，当机会来临的时候，悲观者看到的是危机，而乐观者看到的是机会。因此乐观往往可以使人走向幸福成功，而悲观只会让生命走向黯然、失败。所以，一个人将悲观的心态转变为乐观的心态是很重要的。亨·奥斯丁说："这世界除了心理上的失败，实际上并不存在什么失败，只要不是一败涂地，你一定会取得胜利的。"

毕业于北京大学的邓伟，任亿阳集团股份有限公司董事长，曾被评为第十届"中国十大杰出青年"。他领导下的亿阳集团旗下的电信、交通、能源、投资四大行业都有骄人的成绩。其中，亿阳信通在全国处于领先地位，荣获 2006 年中国交通企业 100 强。邓伟曾说过："从事事业的人要有坚定的信念、责任感。只有具备良好的心态，才能实现高层次的健康愉快，才能有所作为。"

姜月兰是一位从农妇到身家几千万的创业者，在事业成功之前，经历过艰难的生活历程。

二十几年前，姜月兰的丈夫嗜赌成性，家中债台高筑，那时她对生活完全失去了信心，觉得自己是一个天生苦命的女人，还曾一度吞下了 200 颗安眠药，想以此结束自己的生命。

但当她被救醒之后，看到身边年幼无助的女儿，意识到自己作为母亲对女儿的责任，于是，改变心态，决定勇敢地活下来。不久，她报名参加了职大财会学习班，每天下班安置好孩子，干农活到八九点，第二天凌晨两点多起床看书学习。三年后，凭着一纸文凭，她被调到车间财务科，并在1991年当上财务科长。1998年，姜月兰所在的厂子濒临破产，当时厂子里只有厂长和她是管理者，可是，危难关头厂长打起了退堂鼓，于是厂里的职工希望姜月兰带领大家继续干下去。姜月兰后来回忆说，当时面前只有两条路，要么创业，要么失业。面对大家对她的期待，姜月兰最后决定买下厂子继续带着大家干，就这样她东拼西凑了30万元开始了最初的创业。工厂买下了，可是一个没有名气的民营企业，想打开销路谈何容易。性格内向，且从没出过远门的姜月兰，为了开拓市场，在商家那里开始软磨硬泡，立下不拿下业务就不走的决心。虽然那段时间她看了不少白眼，受了许多的窝囊气，但最终拿下了2000万元的业务合同。公司的局面渐渐打开了，并越做越大，如今她的公司在国内锻造业中已享有了知名度。现在的她更是充满了信心，外商也到她这里订购了价值上千万的汽车零配件。她说："随着制造业在国内的崛起，越来越多的国外客商到国内来采购汽车零配件，这对我们企业来说，是非常好的发展机会……以前，我一直认为自己是个不幸的女人，现在觉得，没有这么多的生活磨难，就没有今天的我，所以，我应该感谢这些磨难。"

没错，姜月兰曾经是不幸的女人，曾经悲观绝望过，但是，她在人生遭遇挫折的时候，坚强地走了出来，把悲观远远地抛开，选择了积极进取的心态，从而使她的人生发生了巨大的改变。每一个人的生命中都会有悲观、消极的负能量存在，这并不可怕，只要认识并自觉地将这种负能量转变为乐观、向上的正能量，就会让自己的人生充满斗志，精彩无限。

4
把每一天都当作生命中的最后一天

乔布斯在 17 岁时读到了这样一句话："如果你把每一天都当作生命中的最后一天去生活的话，那么有一天你会发现你是正确的。"这句话给他留下了深刻印象，从那时起，他每天早晨都会告诉自己，把今天当作生命中的最后一天。对乔布斯而言，人生中的每一分、每一秒都是弥足珍贵的。

现在是信息社会，一切都在瞬息万变中，因此，速度决定着一项事业进展的高度。

苏宁电器 1990 年创立于江苏南京，经过 10 多年的打拼，如今已成为中国 3C（家电、电脑、通讯）家电连锁零售企业的领先者，连锁企业遍及全国 24 个省市地区。2004 年 7 月 21 日，苏宁电器在深圳证券交易所上市。

创业之初，苏宁老总张近东只有 10 万元，"做什么呢？"这个问题他思索了很长一段时间。当时最赚钱的就是家电，彩电、冰箱、洗衣机进入千家万户。不过，张近东并没经营这三项，而是选择了当时的冷门——空调。1990 年 12 月 26 日，南京宁海路上仅有 200 平方米门面、10 多位员工的小公司苏宁家电公司开业了。那时，没有人会想到，这家专营空调的小公司会发展成如今庞大的苏宁电器公司。为了促进生意的发展，张近东别出心裁，在业界首次建立起营销商"配送、安装、维修"一体化服务体系，并组建了 300 人的专业安装队伍，及时上门为顾客免费安装空调。这一举措，为苏宁赚到第一桶金起到了关键作用。1992 年，"火炉"南京的空调市场启动。由于苏宁已经形成了产品和服务强势，所以，当年苏宁成为了春兰空调全国销售第一大户，"苏宁"的名字也在南京空调市场一炮打响。3 年内，苏宁仅凭单一产品、单一品牌就做到了年销售 3 亿元的规模。

当苏宁的客流量越来越大的时候，苏宁成了南京国有商场的"异类"。1993 年春夏之交，南京终于爆发了"空调大战"，苏宁与南京国有商场直接"交火"。苏宁电器不仅在服务上胜出一筹，价格上也具备明显优势，致使南京八大国有商场联手封杀苏宁，这八家商场宣称，如果谁供货给苏宁，他们将全部拒绝再销售该产品。这是中国商界第一次在供不应求的市场格局下，计划经济与市场经济的一场正面碰撞。

在这次交锋中，凭借"规模经营、厂商合作、专业服务"三张王牌，苏宁不但没有败下阵来，反而节节胜利，实现了年销售额 3 亿美元，成为全国最大空调经销商，而这段广受关注的"苏宁现象"也被录入高校营销教材。

随着市场的变化，1991 年张近东采取"逆向运作"，率先向生产商渗透商业资本，首创了经销商在淡季向生产商打款扶植生产，以确保旺季时获得价格优惠、稳定货源的厂商合作全新模式。为了更大拓展自己的"销售渠道"，苏宁在成立 10 周年前夕，南京新街口 18 层的苏宁电器大厦开业，从此公司由单一的空调业务转向综合电器。接着，张近东又为营造全国连锁销售开始工作。2001 年平均 40 天开一个店；2002 年平均 20 天开一个店；2003 年平均每周开一个店；到了 2004 年的时候，平均 5 天就开一个店，连锁企业遍及全国 30 多个省市地区。

张近东说："规模压倒一切，速度决定命运。苏宁上市募集的近 4 亿资金，将全部投到连锁发展中来。"苏宁利润的连年稳步增长，又为苏宁上市提供了最强有力的保证。2004 年 7 月 21 日，苏宁成功上市。张近东说："苏宁获得了与外资商业巨头竞技的融资平台，苏宁社会化，是苏宁实现第三次飞跃的必经之路。"张近东立志要做中国家电的沃尔玛，他说："家电连锁的蛋糕太大了，我们目前分到的仅有一点点。未来在这个驾轻就熟的领域多分一些蛋糕，这是苏宁现在最大的愿望。"

纵观苏宁的发展历程，速度起到了关键作用。苏宁的掌舵人总是抢先一步走在别的商家面前，以超前的经营理念，实现一步步的跨越。这样的创业精神，需要的就是对每一天、每一秒的珍惜，时时刻刻要为公司的发展而拼搏。

曾任北大校长的陈佳洱说，小时候对他影响最大的一本书是《伟人孙中山》，书里提到，孙中山小时候问母亲人生的意义是什么？母亲回答："人生就像是一场梦，一不小心就溜走了。"孙中山由此知道"要珍惜光阴"，这个故事深深触动了幼年的陈佳洱，对他的人生观、世界观的最初确立产生了深远的影响。一个人唯有将时光看得很重要，才能珍惜每一天的时间，才能将自己的热情投入到所从事的事业中去，创造出生命的最大效率。

5

坚韧不屈，让生命弹奏出最悦耳的旋律

"我的人生中有两条路，要么赶紧死，要么精彩地活。"这是一名无臂年轻人的励志名言，这个年轻人名叫刘伟。刘伟 10 岁时因为一场事故而被截取双臂；12 岁时，他在康复医院的水疗室学会了游泳，并在两年之后的全国残疾人游泳锦标赛上夺得两枚金牌；16 岁学习打字；19 岁学习钢琴，一年后就达到了相当于用手弹钢琴的专业 7 级水平；22 岁挑战吉尼斯世界纪录，一分钟打出了 231 个字母，成为世界上用脚打字最快的人；23 岁他登上了维也纳金色大厅舞台。2011 年刘伟被选入"感动中国"十大人物。

刘伟从小失去了双臂，却创造出生命的奇迹。他获得第一届《中国达人秀》的冠军，其人生感悟"我的人生只有两条路，要么赶紧死去，要么精彩地活着"被广为传颂，他的坚忍不拔、积极乐观的精神感动了全世界，成为人们心中新一代的"精神偶像"。

史怀哲说："尊敬生命，在实际上和精神上两个方面，我都保持真实。根据同样的理由，尽我所能，挽救和保护生命达到其高度发展，是尽善尽美的。"生命对于一个人来说，是极其珍贵的，因为它只有一次，是不可复制的。一个人应该怎样对待自己的生命，使其达到高度发展，是一个值得思考的问题。现代人想得更多的就是成功，希望自己在某个领域取得骄人的成绩，可是，生活似乎并不如自己想象的那么一帆风顺，于是，有些人在经过一系列挫败和打击后，丧失

了继续奋斗的勇气，选择了放弃，从而留下了遗憾。

肯德基是世界上最大的炸鸡快餐连锁企业，而它却是在经历了无数次的失败后，才有了今天的成就。肯德基的创始人山德士于1890年出生于美国中部印第安纳州一个普通农场中，6岁时父亲的突然离世，打破了他平静的童年生活。为了维持生计，母亲不得不白天跑到一家罐头厂去削土豆，晚上回到家中还要帮别人缝缝补补。山德士是家中的长子，这时候他自然地承担起了照顾弟弟和妹妹的责任，为母亲分忧解难。在小学六年级的时候，他就辍学来到了格林伍德的一家农场去做工，为家里增添一些微薄的收入。此后，他换过无数次工作，可以说什么活都尝试过。比如，做过粉刷工、当过公车售票员，卖过保险……

1930年的经济大萧条，影响到了每一个人，山德士也不例外，他很难再找到一份令自己满意的工作。于是，他决定创业，那时山德士40岁。山德士来到肯塔基州，开了一家可宾加油站，来往加油的客人很多。后来，看到这些长途跋涉的人饥肠辘辘的样子，山德士便在加油站的小厨房里做了点日常饭菜，招揽顾客。在此期间，他推出了自己的特色食品——炸鸡块，即后来闻名遐迩的肯德基炸鸡雏形。炸鸡味道鲜美、口味独特，很快受到了顾客的喜欢，甚至有些人来他这里不是为了加油，而只是尝一尝这里的炸鸡块。

山德士最初做快餐，是为了扩大加油站的生意，但是之后反倒是炸鸡的名声比加油站的还大。由于顾客越来越多，加油站已经容不下了，于是，山德士就在马路对面开了一家山德士餐厅，专营他的拿手好菜——炸鸡。为了保证质量，山德士亲自动手烧炸，并投资扩建了可容纳142人的大餐厅，这样他就创建了一个初级的炸鸡市场。此后，他不断改良炸鸡配料，使他的炸鸡更受欢迎。

虽然生意不错，但山德士并不满足这样的成就，于是又在饭店旁边加盖了一座汽车旅馆。

随着顾客的增加，山德士越发感到自己在经营管理中缺乏经验，为此他专门到纽约康纳尔大学学习饭店管理课程，这对他以后的饭店管理工作起到了很大帮助。但是，还是有一些问题不好解决——随着顾客不断增多，要为那些顾客在短时间内炸好鸡块并不是一件容易的事。为此，山德士烦恼不堪，又不知道怎样解决，但一次偶然的压力锅展销给了他启示。于是，他买回了一个压力锅，在做了各项有关烹饪时间、压力和加油的试验后，山德士终于发现了一种独特的炸鸡方法。这种方法制作的炸鸡有着非常独特的美味，而且制作时间大大缩短。山德士饭店的生意由此变得更加红火。

不久之后二战爆发，战争给山德士的生意带来了一些冲击。因为战争和公路修建，他先后被迫关掉了汽车旅馆、饭店和加油站。为此，他的雄心和热情一下子降到了冰点。为了偿还投资经营中所欠的债务，他变卖了所有资产，山德士一下子又回到了穷人行列。而这时的山德士已经66岁，每月的收入只剩下105美元的救济金。然而，对山德士而言，虽然年事已高，但仍有些不甘心，还想再干点什么。

为了摆脱困境，他苦思冥想，最后还是想到只有炸鸡是自己最大的资本。于是，他四处找饭店兜售自己的炸鸡方法。开始，很多人都不信，人家都觉得听他瞎说耽误时间，山德士的宣传工作做得很艰难。整整两年的时间，他被拒绝了1009次，终于，在1010次他走进一家饭店的时候，给了他展示和兜售的机会。就这样，经过山德士坚持不懈的努力，在迎来第一个顾客之后，慢慢地，越来越多的人相信了他。在短短的5年时间里，山德士在美国和加拿大发展了400家连锁店。1955年山德士的肯德基有限公司正式成立。后来，为了满足致力于肯德基炸鸡制作的饭店老板的需要，70岁的山德士，建立一所学校，让餐馆老板到肯德基学习怎样经营特许炸鸡店。1964年，74岁的山德士考虑到自己年事已高，将自己的事业交给了29岁的律师约翰·布朗和资本家杰克·麦塞等人组成的投资集团，而他依然为肯德基做品牌代言人。富于进取心的新经营管理者的加盟，在美国快餐业迅速发展的大环境下，让肯德基迅速发展壮大。虽然之后肯德基的经营权几经转手，但肯德基的特许经营方式一直没有变，炸鸡的配料也是在最初 11 种配料的基础上做着不断的改进。而肯德基的形象也一直是那个白色西装、满头白发、戴着黑框眼镜，笑眯眯的山德士上校。

　　山德士可以说是美国的传奇，他一生从事过各种各样的工作，40 岁的时候，才找到事业的起点，但又历经曲折，直到 66 岁的时候，东山再起，再次创造了事业的辉煌。山德士在起伏跌宕的人生历程中，顽强坚韧地生存着，面对挫折不气馁，因而敲开了成功的大门。他不悲观、不放弃、积极进取，正是因为拥有这些生命的正能量才使得山德士为自己的生命弹奏出了一曲铿锵悦耳的旋律。

6

别拖延时间，今日事今日毕

陆平在担任北大校长时，曾经对他的学生们说过："争取时间的人，才能为自己争得成功。"无论是在学习中还是在生活中，人们都应该努力做到"今日事今日毕"。拖延时间能消磨一个人的意志，使人变得懒惰。尤其是在学习中，一个经常拖延时间的人学习效率低下，成绩差，而且还会因此失去对学习的兴趣。所以，人们都应该以"不拖延时间，今日事今日毕"作为自己的行为准则来要求自己。

作家张海迪就将"今日事今日毕"作为对自己人生的要求。张海迪在 5 岁时，因为患上脊髓血管瘤而致使高位截瘫。然而，她非常渴望学习，于是妈妈便在家教她读书。病痛的折磨一直缠绕着她。有次，她实在熬不下去了，便对妈妈说："这些书明天再读行吗？"妈妈却认真地说："今日事今日毕，今天的事情绝不能推到明天。"从此以后，张海迪就将"今日事今日毕"这句话作为了自己的座右铭。靠着这句话，不能走进课堂的张海迪凭着自己的毅力，学完了小学、中学的课程，而且还自学了几门外语。她以坚定不移的信念成就了自己美好的人生。虽然她身体残疾，却比一些身体健全之人活得更精彩。

很多人在学习的过程中总是磨磨蹭蹭，原本一个小时可以完成的任务，却边学边玩两个小时才完成；本应该今天掌握的内容，却要拖到明天再去学。在学习中，拖延是导致学习效率低下的重要原因之一。所以在学习中习惯拖延的人，很难取得良好的成绩。而在学习生活中不拖延的人，总会表现得比别人优秀。

生活中，计划总是赶不上变化。计划再美好，远不如行动来得真实。人们对明天都有着美好的憧憬，然而，大多数人不能克服自己的懒惰，总是"明日复明日"，把"明天再做也来得及"当作拖延的借口。如果一切都等到明天来学习，那么今天的事情都拖到明天，不断地积累下去，最后只能是什么都没有学到，等待你的就只有失败。歌德曾经说过："一天都不要浪费，要抓住自己所有的时间，决心不让其溜走。"但凡成功的人都善于利用时间，在社会竞争如此激烈的今天，时间更为珍贵，这就更要求人们不要拖延时间，把握自己生命中的每一分每一秒。

伟大的科学家富兰克林说："时间就是金钱。"在生活中他也确实做到了按这个原则行事。有一次，一个年轻人在富兰克林的书店里磨蹭了1个多小时，才慢悠悠地拿着一本书走到店员的面前问："请问这本书多少钱？"店员说："一美元。""便宜点好吗？""对不起，这本书的价格就是一美元。"店员语气很坚定地说。这个年轻人还是不罢休，问道："富兰克林先生在吗？"店员说："在，但是他正在工作室里忙着呢。"这个人却执意要见富兰克林，于是店员将富兰克林请了出来。年轻人问："先生，这本书最低是多少钱？"富兰克林毫不犹豫地回答道："一美元二十分。"年轻人惊诧地说："怎么可能？刚才这位店员还说一美元呢！"富兰克林说："没错，但是我倒情愿给你一美元，也不愿放下我手头的工作。"这位年轻人看到他对时间这么重视，心想算了，就结束这场争论吧！于是便说："好，那你说这本书最低多少钱？""一美元五十分！""怎么又变成一美元五十分？刚才还是一美元二十分！"富兰克林平静地说："是的，但现在是一美元五十分！"男子无话可说，默默地将一美元五十分放到了柜台上，拿着书走了。这位著名的科学家给他上了一堂难忘的课："时间就是金钱！"

时间就是金钱，每个人只有认真地对待时间，善于把握时间才能让自己在学习中得到成长。担任过北大教授的鲁迅先生曾说过："时间好比海绵里的水，挤一挤还是会有的。"想要拥有更多的学习的时间，人们就应该学会将自己零散的时间积累起来，这样原本不够的时间就会变得富裕。爱尔兰哲学家伯克也说过："时间是最伟大的导师。"只要你舍得在学习上投入自己的时间，不找借口，不拖延，总会得到很大的收获的。凡是有所成就的人都善于把握时间，而失败的人只会浪费时间，将黄金时间浪费在玩乐之上。人的一生，除了吃睡之外，所能利用的时间只有三分之一。因此，人们更应该合理地安排学习时间，让自己在有限的时间里学到更多的东西，为自己的人生积攒更多的能量。

"态度决定一切！"学子们应该给自己一个心理暗示："不拖延时间，今日事今日毕！每日都尽自己最大的力量去完成自己的任务！"荀子说："不积跬步，无以至千里；不积小流，无以成江海。"这句话就是在告诉人们，只有完成每天的一小步，才能到达自己最终的目的地。很多人浑噩度日，在学习中拖拖拉拉，这是对自己不负责任的表现。

很多学生习惯将类似于这样的话挂在口边："还有很多东西没有学，今天学不完了，明天再学吧！"就这样，很多人在拖拉中将学业搁浅。拖拉是失败的助手，是成功的对手。无论做什么事情，要想取得进步，获得成功，就要做到"不拖延，今日事今日毕。"养成"不拖延时间"的习惯对学习、生活大有裨益，对性格也能起到很大的影响。只有能够把握时间的人，才能拥有坚强的意志与战胜困难的勇气。不要再拖延，从现在开始学习，从现在开始解决生活中的问题。明天是不可测的，每个人真正拥有的时间只有现在。

第三章

【学习正能量】
北大怎样营造创新求知的学习氛围

联合国编制的《学会生存》一书中说："人们为了生存与发展，不得不坚持学习……人的生存就是无止境的学习与完善过程。"在 21 世纪的今天，知识才干是社会发展的关键因素，人才是经济的最大资源。而人才就是通过学习形成的，没有学习就没有智慧，就不会创新，就没有社会经济的发展。可以说，学习是造就人才的必经之路，是推动社会发展的重要途径。《以知识为基础的经济》这一经典文献中强调："学习是最重要的，它决定着个人、企业乃至国家经济的命运。"

北大是中国的第一学府，为国家培养了大量的人才。北大人所学到的不单是书本上的知识，更多的是一种创新求知的学习能力。韩愈说："人非生而知之者。"一个人拥有多少才能，是由后天的学习决定的。因此，对于年轻人来说，提高学习能力，懂得如何学习是最重要的事情。那么，拥有怎样的学习态度与方法才是最正确的呢？人们需要明白，学习并不是单纯地学习知识的过程，而是为了与世界沟通，实现个人价值而努力的过程。对于一个学生来说，拥有积极的学习态度，培养良好的学习习惯是最重要的事情。

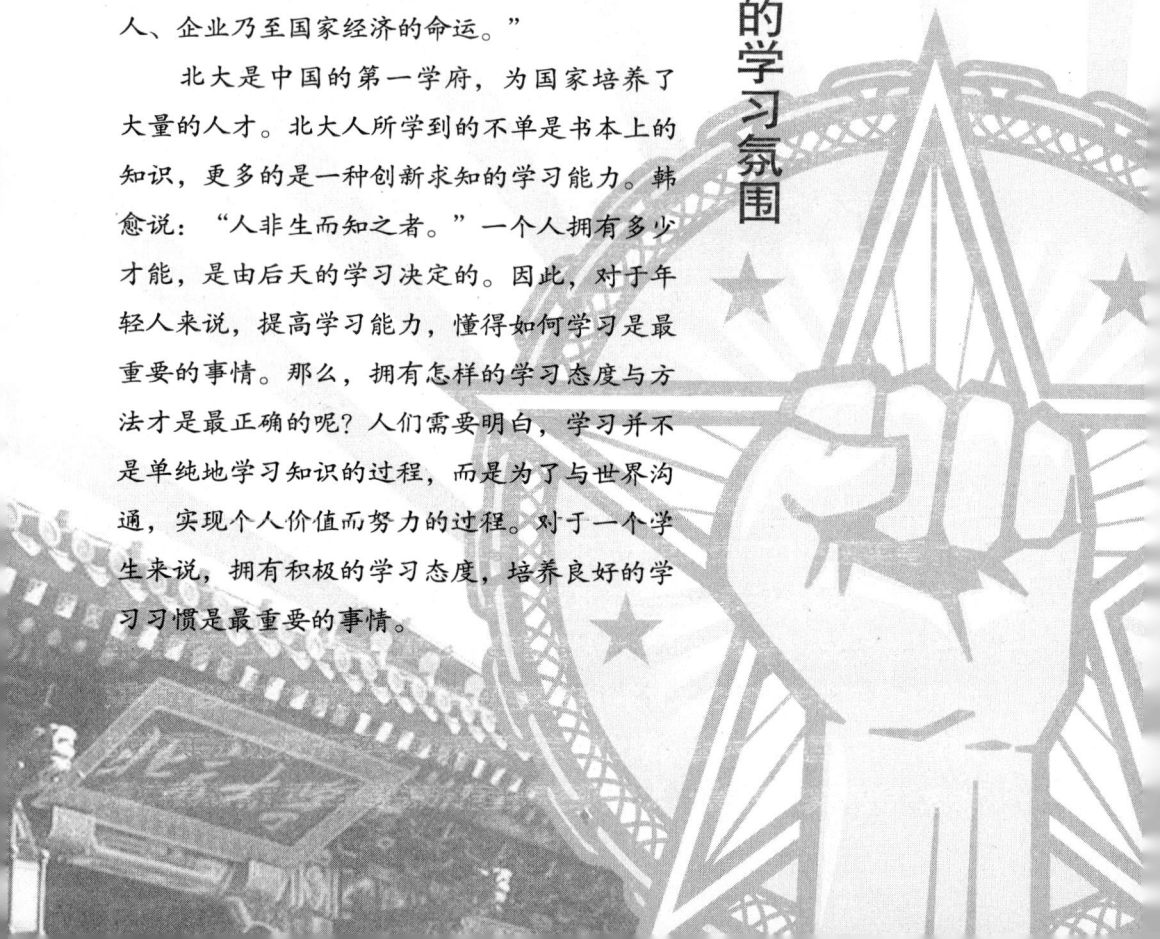

1

记住：平时多积累，日后方能有所成就

在生活和学习中，任何事都不是一蹴而就的。任何事情的成功都是由量变到质变所形成的。而人们在事情成功之前的努力就是一种积累的过程。作为著名学府，北大对学子们形成的积累最初毫无疑问是来自于治学。因为在学习知识的过程中，积累是最重要的，尤其是在接受高等教育的情况下，天赋已经难以完全应付庞大的知识体系了，所以积累就是学子们做好学问的唯一法宝。这种治学之道，毫无疑问会对学子们的整个人生产生重要的影响。这种治学方法，对学子产生潜移默化的作用，深入他们的骨子里，就算将来走向社会，他们也会在今后的人生中注意多积累，而这也是北大学子能够在社会中崭露头角的原因之一。

季羡林于 1911 年出生于山东临清。他担任过北大校长，同时也是中国著名的国学大师。他一生在国学的多个领域都有所建树。他在学术界的影响力非常大，是国际著名的东方学大师、语言学家、国学家，担任过中国科学院哲学社会科学部委员、中国社科院南亚研究所所长，是北京大学唯一的终身教授。他精通英文、德文、梵文，能阅俄文、法文，尤其精通吐火罗文，是全世界仅有的精于此语言的几位学者之一。他生前所有著作已汇编成 24 卷的《季羡林文集》，可以说，在学术上，他就是一位集大成者。很多人认为，季羡林先生之所以会成为大师，很大的原因就在于他长寿，当然，这是一句玩笑话，

季羡林的成就与其长期的学习与积累是有很大关系的。

任何一个人，无论是在学习上还是工作中，只有在个人思想、业务知识、经验教训等多方面进行积累，才能使自己不断地进步，并成为优秀的人才。因为学习本身就是积累、创新的过程。一个人博大的学识、丰富的经验，都是其积累进步的结果。如果一个人长时间不去积累知识，就很难适应新的环境。因此，人们应该努力培养自己的积累意识，养成积累的习惯，并在积累中反思总结以取得不断的进步。

"知识就是力量"，当知识积累到一定的程度，就会转化为一个人的智慧。所以对于学习中的人们，注意知识的积累、扩大视野是非常重要的事情。另外，在工作中进行学习积累也是很关键的一环，因为只有通过实践的积累才能学到真正的本领。

荀子说："不积跬步，无以至千里；不积小流，无以成江海。"千里的路程都是人一步步走出来的，没有一步步的积累，就无法完成千里的旅程。所以人们要不断地学习，不停地积累，脚踏实地地走下去，才能到达自己的理想之地。仔细想一下，世界上所有的事情不都是如此完成的吗？

经验对于人的一生来说非常重要，而经验正是通过自身的经历积累而来的，所以不断地积累才会使自己对事物理解得更深，才能让自己的人生价值在不断的学习中得到提高。哲学家说："学习是对人生最好的礼仪。"学习就是不断积累知识，然后总结创新的过程。可以说，人的所有能力的提高都是通过不断学习积累的结果。

无论是成功还是失败，人们都能从中得到成长。大多数情况下，人们往往更看重成功，而忽视了失败。其实，从另一个角度来说，失败是通往成功的过程，是在为成功积累丰富的经验。通过失败的经验，人们总结教训，从而可以避免在以后犯同样或者类似的错误。

人生就是一个积累的过程。积累可以让人变得有思想、有深度，让人生变得更丰富。人只有在生活中做一个有心人，事事留心，才能将每一件事做好。

一天，俄国著名作家契诃夫乘车外出。在路上，同车的旅客在闲聊中说了一段非常精彩的话。契诃夫很喜欢，于是要将这段妙语记录下来，不料他却没有带笔。就在他万分苦恼的时候，突然灵机一动，将火柴划着，然后又迅速将之熄灭。就这样，契诃夫利用火柴烧焦的灰将那个人的话记在了本上。可以说，契诃夫之所以能够写出那些精彩绝伦的文章，与他平时的积累是分不开的。曾经有几个年轻人问契诃夫："如何才能得到好的题材呢？"契诃夫随手拿出自己身上的一个厚厚的本子说："这是 100 个素材。"几个年轻人看着这些珍贵的内容着了迷。本子中的每一句话，每一个故事都很精彩。于是，有个年轻人说："真想把它买回去，这些资料太棒了。"契诃夫笑着说："题材是无法买到的，它们是每一个人生活积累的结果。"

古希腊哲学家亚里士多德说："记忆是智慧之母。"记忆是对知识的积累。人生需要积累，没有积累就学不到任何的才能。当年叱咤风云、横扫欧洲的拿破仑早年十分注重积累，他在军校研究炮兵战略，学习海军知识，坚持不懈地苦学、积累。当同学都在玩乐的时候，他依然潜心学习历史、地理知识。正是由于他学习生涯积累的知识经验，为他日后的霸业奠定了扎实的基础。最后，长期的积累成就了拿破仑，而拿破仑成就了法兰西。俗话说："冰冻三尺非一日之寒。"学习需要日积月累，成功需要不懈地努力奋斗。积累也是人们的一种意志，是由微小到伟大、量变到质变的过程，是任何事情成功的前提。

2

活到老，学到老，年到八十仍学巧

《礼记·学记》中提到："玉不琢，不成器；人不学，不知道。"这句话的意思是如果一块玉石没有经过雕琢就成不了玉器，而一个人如果不学习就不能拥有学问与道理。曾经担任北大教授的钱玄同先生说："优秀的人，会把学习养成一种习惯。"是的，学习使人得到成长，使人不断地进步，不断地完善自我，也只有懂得坚持学习的人才能够获得巨大的成就。

现代社会，是知识经济时代，具有高智慧的人才能引领社会的发展，也才能对社会做出杰出的贡献。《管子·霸言》写道："争天下者，必先争人。"同样的道理，一个人也只有不停地学习知识，提高自己的才能，才能让自身变得有价值。人们从出生时，就要开始学会在社会中生存。人类所做的一切都是为了将来能够取得事业的成功，过上美好的生活。一个人想要拥有美好的生活就必须不停地学习，否则就会被社会所淘汰。很多人在做事的时候，总是感叹"书到用时方恨少"。这是因为他们平时没有好好学习，以至于难以应付突如其来的挑战。人们只有养成不断学习的好习惯，才能在未来从容地面对困难与挫折。

一位老翁正在河边钓鱼，一个小孩在旁边认真地观看。老翁很喜欢这个孩子，便决定将自己钓到的鱼送给孩子。可是，这个孩子摇着头说："我不想要鱼，能不能送我鱼竿？"老人惊奇地看着孩子说：

"你为什么不要鱼而要鱼竿呢？"小孩子认真地说："鱼很快就会吃完，但是如果有了鱼竿就能钓到很多鱼。"很多人都觉得这个小孩很聪明，懂得拥有了鱼竿就能拥有很多的鱼。其实仔细想想，这个孩子想要的并不是鱼竿，而是钓鱼的技术。如果他不会钓鱼，即使拥有了鱼竿，也不会得到一条鱼。而想要掌握钓鱼的技术，就必须学习，只有通过学习才能掌握这门技艺，才能实现自己的理想。

人们如果想要获得大的学问，就必须不断地学习，将学习作为生活中的习惯。同样，想要在某个方面登峰造极，就更需要努力学习。成功是以学习为基础的，想要学有成效就要先把学习作为一种习惯，"三天打鱼，两天晒网"的学习方式是不可能取得成功的。尤其是在竞争如此激烈的社会，每一个想要有所成就的人都应该懂得养成良好的学习习惯。

诺贝尔化学奖得主普利高津的儿时梦想不是成为化学家，而是钢琴家。其实，这是他母亲的特意安排。当时，德国一片混乱，他的母亲为了不让孩子受到外界的影响，便决定让他们学习音乐。虽然音乐的世界是纯净的，但是对着一首曲子练习上百遍，这让天生好动的普利高津觉得十分枯燥，所以他经常在家里捣蛋作乱。

面对普利高津的调皮，母亲苦恼不已。她严肃地对普利高津说："孩子，兄弟姐妹中你最有音乐天赋，而且你也是成绩最好的。可是，要想成为出色的钢琴家，你还差得很远，需要继续学习。"在母亲的严格教导下，普利高津开始认真地学习钢琴。后来，全家搬到布鲁塞尔后，他进入了雅典中学学习。这是一个以古典课程为主的学校，与音乐大不相同。普利高津的兴趣却因此变得广泛起来，他喜欢上了文学与哲学，视野因此变得开阔。母亲看到他浓厚的学习兴趣，没有提出任何异议，任其自由发展。也就是在那时，普利高津逐渐地对化学产生了兴趣。

有一天，他鼓起勇气到了母亲的房中，说出了自己想要成为化学家的梦想。母亲微笑着说："以前让你学习音乐是为了摆脱外界的混乱，让你培养良好的情操，懂得学习对一个人的重要性。至于你长大选择什么事业，由你自己决定。现在你有了选择，妈妈替你高兴，但是你不要忘记，无论做什么事情，都不要放弃学习。"从这以后，妈妈的这段话一直印在普利高津的心中。通过自己不断的学习与努力，他在 60 岁时获得了诺贝尔化学奖，成就了人生的辉煌。

成功者与失败者的区别就在于，成功的人总是保持一种学习的心态，用学到的经验去把握自己的人生；而失败者却正好相反，他们怨天尤人、不求进取。因此，不懂得学习的人是不会取得成功的。

荀子说："学不可以已。"人一旦放弃了学习，就等于将自己困在了沼泽里，把自己逼上了绝路。很多人以为学习只是年轻时候的事，自己是成年人了，没有必要再学习了。北大教授胡适表示："这种看法似乎有一定道理，却是错误的。在学校里需要学习，难道到社会上就不要学了吗？工作生活中更需要学习，如果不继续学习，就无法学到工作与生活中的技能，无法使自己适应不断变化的社会，随时有被社会淘汰的危险。"所以，一个人应该培养学习的习惯，这对一生的发展起着决定性的作用。德格说："唯一的竞争优势，是拥有比对手更快的学习能力。"一个人只有不停地学习，不停地提升自我，才能培养成良好的习惯，成为人群中的佼佼者。生活中，判断一个人是否有内涵，往往从他的言谈举止来看，而一个人的言谈举止往往由知识来支配。曾国藩说："一个人的气质很难改变，唯有读书、学习可以修炼人。"培根也说过："学习可以提升一个人的智商与情商，可以丰富人的内涵并塑造人的气质。"古今中外，通过学习知识改变命运的例子不胜枚举。在现代社会中，想要成功的人必须懂得在不断的学习中追求自己的梦想。人们只有不断运用新的知识，才能得到提高，才能获得更丰富的经验，理解能力才能增强，最后才能领悟人生的真谛。

希腊帕特农神庙上刻着一句话："一个人如果能学习一生，他就能成为驾驭人生的宙斯。"对于人类来说，只有通过不断学习才可以改变世界；对于个人来说，通过不断学习才可改变自己的人生。只有养成学习的习惯，拥有足够的学习能力，才能够创造自己的未来。万事学为先，学习是生命存在的意义，是创造事业的前提。从古至今，人们一直秉着"学而优则仕"传统。因此，只有学习才能进步，才能让自己的人生有更好的发展。所以我们要不断地学习，并让自己养成良好的学习习惯。

3

知识使生命升华，也是助你成功的基石

英国哲学家培根说："知识就是力量"。也就是说，知识能改变一个人的命运。

从古至今，但凡有成就的人，都有着丰富的学识。他们不论在人生的哪个阶段，都不放弃学习知识、技能的机会，因此，在不断的学习中，积累了丰富的学识、经验，当机会到来的时刻，这些知识和经验就成了助他们走向成功的巨大能量。因此，学习和积累知识是必须的，尤其是人在年轻的时候，不管境遇如何，都不要放弃学习，因为知识不仅能提升一个人生命的质量，也能成为一个人事业的基础和推动力。

陈永栽，菲律宾首富，1934 年 7 月 13 日出生于福建晋江市，4 岁时跟着父母来到菲律宾谋生。在陈永栽 9 岁的时候，父亲得了一场重病，母亲带着他们回到家乡。两年后，家乡遭遇灾荒，陈永栽跟着叔父再次来到菲律宾，在一家烟厂当杂役，那时，他刚满 11 岁。在烟厂当杂役的日子，陈永栽一边赚钱养家，一边努力自习，以半工半读方式修完马尼拉远东大学化学工程系。毕业后，陈永栽仍然在烟厂工作，并被提升为化学师。但这时的陈永栽，因为具备了丰富的化学知识以及多年在烟厂工作的经验，又拥有商界的密切关系，他已经不再满足于这份工作，而是决定自己开拓一番事业。虽然老板对他一再挽留，但他毅然辞去烟厂这份令人羡慕的工作，准备自己创业。

1954 年，在亲友的帮助下，年仅 20 的陈永栽创办了一家淀粉厂。初次创业却以失败而告终。失败没有打倒他，同年他用借来的钱开办了一家化学制品生产和贸易公司，创业之初他用的是二手机器和破旧卡车。但是，就是这家他学以致用建立起来的化学制品和贸易公司，却成了他日后庞大事业的基石。

1965 年，他和朋友开办了卷烟厂。经过一番努力，他的烟厂成为后来菲律宾最大的烟草制造公司。之后，陈永栽的事业发展更是如日中天，业务范围扩展到银行、酿酒、旅馆以及航空等诸多行业，1973 年他创建了福牧农场，1982 年投资创办亚洲啤酒厂，成为菲律宾第二大啤酒厂。他还收购了通用银行，将其更名为联盟银行，这家银行后来在中国厦门成立了全资的分行，也成为中国第二家外资银行。1995 年，他收购了连年亏损的菲律宾国有航空公司，并注资40 个亿，陆续更新了 40 架飞机，经过管理上的改革，开辟多条新航线，使菲律宾国航扭亏为盈。

陈永栽对中国古典名著非常喜爱。如今，他的最大兴趣仍然是阅读历史、地理著作。他集团中的一位经理人说，陈永栽在谈话或演讲时，几乎都会引用书中的典故，借此来说明当前事物中的道理。陈永栽熟知很多历史典故，而且他经常会把中国历史和成语的道理，应用在处理问题上。1995 年，陈永栽进入菲律宾航空公司当总裁。当时，菲律宾航空公司已经面临严重的财政危机。接着，东南亚金融风暴、工潮等不断袭来，但陈永栽没有退缩。1998 年，陈永栽在接受记者采访中，被问到如何投资长期亏损的菲律宾航空公司、又如何使其扭亏为盈时，他就讲述了汉朝名将班超的故事，他说："不入虎穴，焉得虎子？没有置之死地的决心，哪有死而后生的变数？"正是因为陈永栽对中国历史如数家珍，从中华文化中汲取了知识，明白了"置之死地而后生"的道理，才有了他之后的成功。

陈永栽是一个商界中的成功者，但是，如果他自小不努力学习，也未必会有今天的成就。当杂役很辛苦，他却在劳累辛苦时期半工半读，经过努力修完大学化学专业知识，为日后自己开创事业奠定了良好的基础。他大量阅读中国历史书籍，把所学的历史知识化为解决现实问题的技能，使其在事业发展过程中，发挥指导作用。陈永栽一个11岁就为生计漂泊异国的孩子，在艰难的生活中却还能一直坚持努力学习，因此，才能使自己的事业一步一步走向辉煌。

对于一些人来说，或许还没有找到自己想做的事情，但是，不论怎样都不要放弃学习的机会，因为它是一种力量，会让生命升华；也会在恰当的时机成为事业的基石，从而带领你走入更广阔的人生天地。生命需要积极进取的正能量，努力把握学习的机会，让自己增长智慧和自信，为未来蓄积前行的力量。

知识可以改变一个人的命运，同样也能改变更多人的生活。

北大教授秦国刚，常年从事半导体材料物理研究，并且是一名博士生导师，先后培育培养博士生和硕士生40多名，用自己的所学和人品，影响着他的学生。俗话说："严师出高徒。"作为博士生导师的秦国刚对学生的严格要求是出了名的，他规定每周至少与每个研究生讨论一次教研工作，让他们谈谈科研的进度，说一说遇到的困难，然后及时给予他们指导与帮助。他对自身的要求也是十分严格，每天早晨，他在研究组中都是第一个到实验室工作的人，而实验室也实行签到制度，对他的学生进行考勤。虽然这样做有些严厉，但他的研究生觉得非常受益。秦国刚的严谨求实、认真负责给学生留下了深刻印象。他一直这样告诫自己的学生："年轻时努力学习和创新能够为一辈子打下坚实的基础，这也在相当大程度上决定了以后你的科研工作能有多大成就。"在他的教育影响下，他的学生们都养成了良好的学风。

一个人唯有脚踏实地地去学习，趁年轻的时候，更多地掌握知识和技能，才能为将来打下良好的基础，用自己的所学为自身和社会作出贡献。

4

点燃热情，全力以赴助你学业成功

北大教授钱玄同曾经给他的学生讲过这样一个故事：一只猎狗在追捕一只受伤的兔子，追了很久却没有追到。山羊看到之后讥笑猎狗说："你竟然没有一只受伤的兔子跑得快，真丢人！"猎狗生气地走开了。兔子回到自己的窝里后，同伴们都问它："你是如何带着伤跑过一只猎狗的？"兔子说："它只是为了一顿饭而跑，而我是为了自己的生命在跑啊！"钱玄同先生通过这个故事教导学生们说："受伤的兔子竟然能够跑过一只猎狗，你们想想其体内所蕴藏的潜能有多大。其实人也是这样，你们每个人身上都有不可估量的潜力，只要你们点燃自己的热情，在学习中全力以赴，任何人都能成为优秀的人才。"

任何人都想在人群中崭露头角，但是也总能听到一些人说："我一直在努力，但是为什么没有见效呢？"事实上，这是因为他们并没发挥出自己的最大能力。人的身体内暗含着巨大的能力。正是因为拥有深不可测的潜能，人类圆了飞天的梦想，发明了计算机，做出了很多曾经想都不敢想的事情。而且，上天赋予每个人的能力是相同的，不同的是每个人所发挥出的能力却不尽相同。有的人一生碌碌无为，是因为他没有为梦想全力以赴，而有的人无论是在学习上还是工作中都取得了傲人的成绩，是因为他们为了实现心中所想而不断努力的结果。

美国学者奥图表示："人的大脑就好比一个沉睡的巨人，人们平均所使用的脑力还不到总体的 1%。"正常人的大脑容量可以盛下6 亿本书,一个人如果能发挥自己一小半的能力,就可以轻松地学会 40 种语言,取得十多个博士学位。如果每个人都能激发自己的潜力,将更多的能量应用到学习中去,就一定能够自由地描绘自己的未来。那么,如何最大限度地发挥自己的潜力呢?唯一的答案就是,树立明确的目标,并为之全力以赴。每个人都想拥有优秀的才能,过上美好的生活。既然这样,不如点燃自己的热情,给自己一点勇气、毅力,发挥出最大的力量去创造连自己都吃惊的未来。当然,全力以赴并不是要给自己施加过大的压力,也不是要占用休息娱乐时间,而是要尽自己最大的努力不去浪费时间与精力。生命有限,但是能力无限,只要我们还活着就应该奔着自己的目标,全力以赴地奋斗,这样才有可能实现自己的梦想。

法国作家纪德曾说过:"获得幸福的秘诀,不是追求快乐而全力以赴,而是在全力以赴中追求快乐。"学习更是如此,全力以赴地学习不仅可以使自己获得傲人的成绩,也可以收获欣慰的快乐。做任何事情,如果不全力以赴是不能取得很大成效的。

人的一生可以分为三个阶段:青春积累期,年轻奋斗期,老年享受期。这三个阶段中,第一个阶段最关键,直接决定着后两个阶段的生活水平。青春时期是人一生的基础,如果谁能在这一阶段学到更好的本事,就能在暮年享受更多的成果。因此,处于青春期的学子们要全力以赴地学习,积累丰富的经验,提高自己的各种能力,才能享受精彩的人生。

有一个年轻人准备远行,在出发之前,他向一位老者请教应该注意什么。老者说:"全力以赴吧。等到十年后,你再来找我。"年轻人之后经历了很多挫折困难,但也成就了一番令人羡慕的事业。慢慢地,他好像觉得有点力不从心,算了一下,十年期限已到,便回到了故乡。"老翁,我已经全力以赴了,接下来要怎么做呢?"已经人到中年的他问道。老翁说:"之后,你要尽力而为,十年后再来找我。"十年中，中年人的生活平稳安定，但他还是去找了老翁。这时，老翁已经到了生命垂危的时刻，中年人的头发也开始泛白。"这次，我没有什么经验可以传给你了。我只想说说我的一生。我年轻的时候，有人告诉我要量力而行，于是我的前半生一事无成。后来，又有人告诉我要全力以赴，但是我已经遭受了很大的挫败，已经没有精力了，我的一生是失败的。所以我想知道，如果有一个人经历一下我所没有经历的，会不会幸福。现在我知道了，谢谢你！"说完，老翁就心满意足地闭上了眼睛。"不，我应该谢谢您！"中年人说。

人生需要全力以赴，学习更需要全力以赴。做任何事情，如果不全力以赴就很难有出色的表现。全力以赴，懂得在学习上、做事中给自己加一把劲的人，往往能够做出超乎自己能力的事情，并取得超出自己所期待的收获。

《经济学人》上曾经报道："如果世界上真的有所谓的大师中的大师，那么这个人就是彼得·德鲁克。"彼得·德鲁克为什么会得到如此的赞誉呢？他从第一本书出版之后的50年间，所出版的具有巨大影响的著作就高达29部。是什么因素造成了他获得如此的成绩呢？或许从他在汉堡店里打工的那段经历中可以找到答案。他没有像父母所期望的那样进入大学攻读医学专业，在他17岁那年，他到了一家汉堡店打工。他上班时间是早上7点到下午4点，下班后他总会到图书馆去读书。除了看书，他每周还都会到歌剧院去看场演出。正是在那儿，他找到了影响自己一生的事情。

有一天，他在观看威尔第创作的歌剧《福斯塔夫》。当他了解到这部精神激昂的歌剧是威尔第在80岁高龄时写出来的时候，心里受到了很大的震动。有人问威尔第："为什么这么大年纪还能创作出这样具有挑战性的作品？"威尔第回答说："我一生都在追求全力以赴的奋斗。无论何时，我都会告诉自己，应该再努力一下。"威尔第的这段话给当时不到20岁的彼得·德鲁克留下了深刻的印象。他发誓自己一定要以威尔第的精神去要求自己，更下定决心：只要还活着，就会全力以赴地去奋斗。果然，彼得·德鲁克在自己 80 岁之后还创作了 6 部作品，他兑现了自己的承诺。无论什么时候，每当有人问他对自己的哪本书最满意，他总会笑着说是下一本。彼得·德鲁克时刻准备着为自己的事业全力以赴，他用"威尔第精神"要求自己，无论何时都保持对事业完美执著的追求，他是真正的全力以赴的典范。

全力以赴者，无论是在生活中还是学习上都永远保持乐观，从不抱怨。他们不自设樊篱，总是发挥自身最大的能量。即使在最危难的时刻，他们也能够积极地寻找解决问题的方法，从绝境中挣脱，并用自己积极的情绪感染周围的人。全力以赴者对生活有着高昂的斗志，他们会将学习、奋斗作为自己的爱好；他们会带着自己的精神上路，不会让自己的精神感到贫乏，从而在争分夺秒中快乐地前进。

罗斯福曾说过："人生就好比橄榄球比赛，关键是奋力冲向底线。"人们要想获得完美的人生，就要在提高生存能力的学习上全力以赴。只有这样，才能走上充满明媚阳光的康庄大道，才能大步地迈向快乐的未来。从现在开始，下定决心全力以赴地为了自己的未来而努力奋斗吧，只有这样，你才能拥有更多成就自己人生的机会。

5

专心致志是学而有成的唯一途径

北京大学首任校长严复曾经说过："无论是多么脆弱的人，只要集中精力，专心地做事必定能有所成就。"每个人都不可避免地对很多事情感兴趣，这本无可厚非。但是，如果既想要当一名作家，又想要做一名医生，这就很难了。

有一个年轻人感到很苦恼，便找到昆虫学家法布尔诉说："我不知疲倦地将自己的全部精力都用在了我自己所爱好的事情上，但是获得的成就很小。"法布尔说："看来你是一个有理想的青年。"年轻人说："是啊，我爱好科学，喜欢文学，对音乐也很着迷。我投入了自己所有的精力。"法布尔听后笑着从口袋里掏出一个放大镜说："你把自己的精力集中到一个焦点上试试，就像这个放大镜一样！"

法布尔是一个专注的人，他为了研究昆虫的习性，常常废寝忘食。有一次，他天没亮就蹲在一块石头前。几个妇女早上去农场看到他在那里，晚上回家的时候，她们依然看到法布尔一动不动地蹲在那里。几个农妇感到纳闷："他花上一天的时间蹲在那里盯着一块石头到底是为什么？简直就是中了邪！"事实上，为了研究昆虫的习性，法布尔不知道多少个夜晚没有睡觉休息。正是因为如此，法布尔才能在昆虫领域中取得难以比拟的成就。从法布尔的故事中可以看出，集中精力做一件事情时，才更容易取得大的成就。

在学习的过程中，很多学生常常犯这样的毛病：写作业的时候，总是喜欢听音乐或者是看电视。他们认为听音乐或者看电视可以调节学习带来的疲劳，不会影响学习效果，反而会提高学习效率。可是，时间长了，他们就会发现自己不能牢牢地掌握学到的知识，这些都是听音乐使自己思想产生了马虎所致。长此以往，肯定会影响学习的成绩。一心不可二用，当你将自己的精力分给了听音乐或者看电视时，你的学习精力必然就会减少，而精力一分散就很难迅速地理解学习上的各种问题了。这样的学习方法不但降低了学习的效率，还耗费了大量的时间，得不偿失！心理学家研究表明，集中精力地学习、做事，可以让人忘掉疲劳，增加时间的持续性，提高效率。如果一个人能够将全部的精力用在一件事情上，就会忘记疲劳，从而将更多有效的时间投入到这件事情上，自然也可以取得很显著的成绩。纵观古今中外，凡是取得大成就的人，无一不是将自己全部的精力集中在一件事情上，从而在某个领域取得较大的成就。

北宋文学家苏轼曾经说过："书富如海，百货皆有之，人之精力，不能兼收尽取，但得其所欲求者尔。故愿学者，每次做一意求之。"意思是，世间的知识犹如物品一样繁多，任何人都不可能全部学到，只有挑选出自己喜欢的去做，一次只选择一个来学习，这样才能学得更好。也就是说，只有把精力集中在一个问题上，才能获得较好的成绩。

法国作家莫泊桑从小便具有出众的聪慧才智。有一次，莫泊桑跟随叔叔去拜访他的好友——著名的作家福楼拜。叔叔想推荐福楼拜做莫泊桑的文学导师，莫泊桑却自傲地问福楼拜都会些什么？福楼拜反问莫泊桑会做什么？莫泊桑自豪地说："我什么都懂，只要是你知道的，我都会。"福楼拜笑了一下说："那好，那你先跟我说一下你每天都学习什么吧？"莫泊桑自信地说："我上午用两个小时来练习弹琴；另外两个小时用来写作；下午用一个小时的时间向朋友学习修车技术，剩下的时间用来练习踢球；晚上我会到烧烤店里学习如何烤鸡；周末的时候，我会去田地里养花种菜。"说完后，莫泊桑得意地问："不知道福楼拜先生，您每天的工作情况是如何的呢？"福楼拜笑了笑说："我每天上午用四个小时的时间来写作，下午也用四个小时时间写作，晚上还是用四个小时的时间写作。"莫泊桑吃惊地问："你难道就不会做其他的事情了吗？"福楼拜没有回答，而是问道："你有什么特长，或者说你哪件事情做得比别人优秀呢？"这次，莫泊桑无言以对。于是，他便回问："您的特长是什么呢？"福楼拜说："写作。"原来，只有专心地做一件事才能够获得出色的成绩。莫泊桑明白了这个道理后，便下定决心向福楼拜学习写作，通过一心一意的学习，他最终在文学领域内收获了丰硕的成果。

"欲多则心散，心散则志衰，志衰则思不达也。"所以，人们在学习、做事上应该专心致志，舍弃广泛的兴趣，才能获得成功。清代名臣纪晓岚也曾说过："心心在一艺，其艺必工；心心在一职，其职必举。"要想在人生中有所成就，就应该舍弃一些爱好，只有专注才能让自己获得突出的成就。

非洲辽阔的荒原上，栖息着数不清的猎豹、狮子、羚羊、河马、大象等野生动物。其中，猎豹是动物世界的短跑之王。一只成年的猎豹能在几秒之内达到每小时一百公里的速度，但是这并不能保证它的捕猎百发百中。与麋鹿、羚羊相比，猎豹的耐性很差，如果猎豹在短时间内捕捉不到，那么它就只有放弃。在出击之前，猎豹会小心地隐藏自己，在准备追击时，它会瞄准麋鹿群中幼小或者老弱的一只，一旦开始追逐，它就会专心地盯住这一只。在追逐中，其他的麋鹿可能会比它的目标更近，但是它们从来不改追更近的麋鹿，为什么呢？因为在冲刺中，猎豹会非常疲累，而其他未被锁定的麋鹿一旦跑起来也有很强的爆发力，一瞬间就会将已经跑了一段时间的猎豹甩在身后。如果盲目追击，猎豹肯定会一无所获。

动物界的捕猎者与猎物为了各自的生命而拼命地追逐与逃跑。猎豹十分懂得这种一击而成的技巧，百鸟在林不如一鸟在手，这是猛兽的生存智慧。它也启发着人类在追逐理想的过程中，专注于一个目标。

爱默生曾经说过："力量的秘密在于专注。"如果要挖井，就要专挖一口，这样深挖下去才能见得水源。古往今来，凡是能够成就大事的人，无不具有专注的精神、坚定的信念与目标，即使在学习与事业奋斗过程中遇到困难与挫折，也不会因此受到干扰。他们不被外界的琐碎事物所诱惑，专注地做好一件事，心无旁骛，坚定不移，最后终究会取得巨大的成功。

6
学问是苦学与勤问的概括

杨绍平有两个身份：一个是北大南门一家饭馆的传菜工，另一个是北大教室的一名自习生。他因为贫困放弃大学，但是为了圆自己的"律师梦"，他经过 8 年的埋头苦学，终于成功地通过了司法考试，完成了自己的梦想。

"吃得苦中苦，方为人上人。"只有专心读书学习，能吃苦，才能够取得成功。年轻人应该将自己所有的热情用在学习知识上，这才是最正确的选择。因为知识是一个人最大的财富，只有发奋去学习，才能在未来收获丰硕的成果。苦难是岁月最珍贵的馈赠，学子们不要害怕学习上的任何苦难，一定要努力下去，只有这样幸运才会降临在你的身上。

法国哲学家卢梭曾说过："在我的大学中，让我学习时间最长、受益最多的就是我所经历过的苦难。"虽然他曾经只是一个卑微的仆人，但是通过在困苦中不断学习，他最终以自己的才能震惊了整个世界。生活中，很多学生抱怨学习太苦，高考体制太严酷，甚至还有人用《红楼梦》中的一句诗来描述自己的学习生活："一年三百六十日，风刀霜剑严相逼。"其实，这些描述不无道理，这的确是中国学生的写照。但是，学子们或许没有想过，一个人如果不经历苦难，怎么能得到成长？只有经历过磨难才能让自我得到绽放。

一只茧裂开了一个小口，有一个人经过正好看到了，便在一旁仔细观察蝴蝶痛苦地将身体从那个小口慢慢地挣扎出来。很长时间过去了，蝴蝶没有什么大的进展，似乎已经竭尽全力，不能再动弹了。这个人看着它实在可怜，于是便决心要帮助蝴蝶。他找来一把刀子，小心翼翼地将茧破开。于是，蝴蝶很轻易地挣脱了出来，但是它的身体萎缩，翅膀贴着身体不能动弹。他在一旁等待着，希望蝴蝶的翅膀能够打开，并舒展起来，成为一只能够自由飞翔的蝴蝶。然而，这一幕并没有发生：在这只蝴蝶剩下的时间里，它都是拖着自己羸弱的身体向前爬行，始终没有飞起来过。

这个好心的人并不懂得，蝴蝶从茧中痛苦地挣扎出来是上天的安排。只有通过这种痛苦的挣扎，它体中的液体才能挤压出来流到翅膀上，这样它的翅膀才能得到滋养并舒展起来。没有经过痛苦的洗礼，蝴蝶就会失去飞翔的能力。在生活中很多时候，人们都需要痛苦的挣扎与奋斗，如果人生没有挫折，人们就会变得脆弱、不能飞翔。如果你正在经历痛苦的学习，你要明白这是人生所必须的，而且这是上天馈赠的最好的礼物，所以请带着这份"苦难"奋力地前进，这样你就会获得翱翔天空的翅膀。

宋濂是明代著名的大学问家，他写的文章生动鲜活。不了解他的人，可能会认为他肯定拥有良好的学习环境。其实并非如此，他幼时家里很穷，但他总会想尽办法为自己创造学习条件。

由于家里贫困，年少的宋濂没钱买书就到别人的家里去借，借来之后，他就会赶紧抄写下来，因为书还要马上还回去。冬天的天气异常寒冷，墨汁都结成了冰，宋濂的手冻得僵硬，但他还是辛苦地抄写，从不懈怠。抄写完之后，他马上将书送回去，绝不拖延还书的时间。由于宋濂能够及时还书，所以很多人也乐意将自己的书借给他。宋濂读的书越多，就越羡慕学者们的学识。他很想学到更多的知识，却苦于自己周围没有好的老师教授自己。后来，他只好跑到几十里之外的地方，去请教知识渊博的老师。

于是，宋濂常翻山越岭地去求学。有时候，刮着寒风，飘着大雪，他的脚都冻裂了，但还是坚持不懈地赶到老师家里。老师端来热水为他暖身，又为他盖上被子，过了很久他的身体才能渐渐暖和起来。由于家境贫穷，宋濂一天只吃两顿饭，而且都是青菜粗粮。那些与宋濂一起求学的人，身上穿的都是绫罗绸缎，腰里佩戴白玉，打扮得光彩照人，而只有他一个人穿着破旧的衣服，夹在这些纨绔子弟之中。可是，他从来没有羡慕过他们，因为宋濂从学习中已经得到了很大的乐趣，至于吃穿，他毫不在意。十年寒窗苦读，经过艰难的磨练，他的努力终于有了回报。明太祖时，他成为翰林学士，参与编修《元史》，著有《宋学士集》，被人们称为"文臣之首"。

宋濂求学的经历告诉人们，贫困不是学习的障碍，人们只有通过苦读磨练，才有出人头地、取得成就的机会。凡是取得成就的人，都是以学习为乐，通过艰苦的磨练最终才取得成功的。一个人要想成才就必须经过困难的磨砺，苦难是取得成功的奠基石。古人对此看得很透彻，"宝剑锋从磨砺出，梅花香自苦寒来"、"自古英雄多磨难，纨绔子弟少伟男"，这些诗句无一不在表述着同样的道理。学习就是一个"苦到尽头方知甜"的过程。如果你目前觉得学习非常苦，说明你还没有苦到一定程度。当你经过一定的苦难之后，那么剩下的就是收获的快乐了。没有投入学习的时候，你会觉得学习枯燥，当你真正学进去的时候，你就拥有了因发奋学习而带来的快乐。

【国家正能量】

北大用鲜血支撑起来的爱国情怀

　　每个人的身上都是带有能量的，而积极、乐观、向上的能量才是正能量，人们需要这样的能量来鼓励自己。人的意念来自人的能量场，减少私欲，保持心态平和，多一些责任感，会让一个人的正能量增强。一个社会和国家需要的更是具有正能量的人，无数个拥有正能量的人使得社会和国家同样拥有正能量。因此，国家正能量需要个人的人格完善。一个充满真诚、友善、积极向上、社会力量强大的国家，它的人民才能有幸福感、安全感。国家是个体的组合，只有全社会都重视正能量的作用，国家的正能量才能逐渐增强。

　　北京大学有着悠久的历史，在各个时代都显现出了无比强大的正能量。那是因为，这里有为民请命的人；在国家利益面前不计个人得失、荣辱之人；在祖国困难时期，放弃国外优越条件而毅然回国参加到国家建设和发展中的人……正是这些为国家的建设和发展，努力奋斗、不懈追求的人构成了国家强大的正能量，使得中国的经济、国防等各方面都有了很大的发展，国家也日渐强大，成为当今世界上令人瞩目的国家。

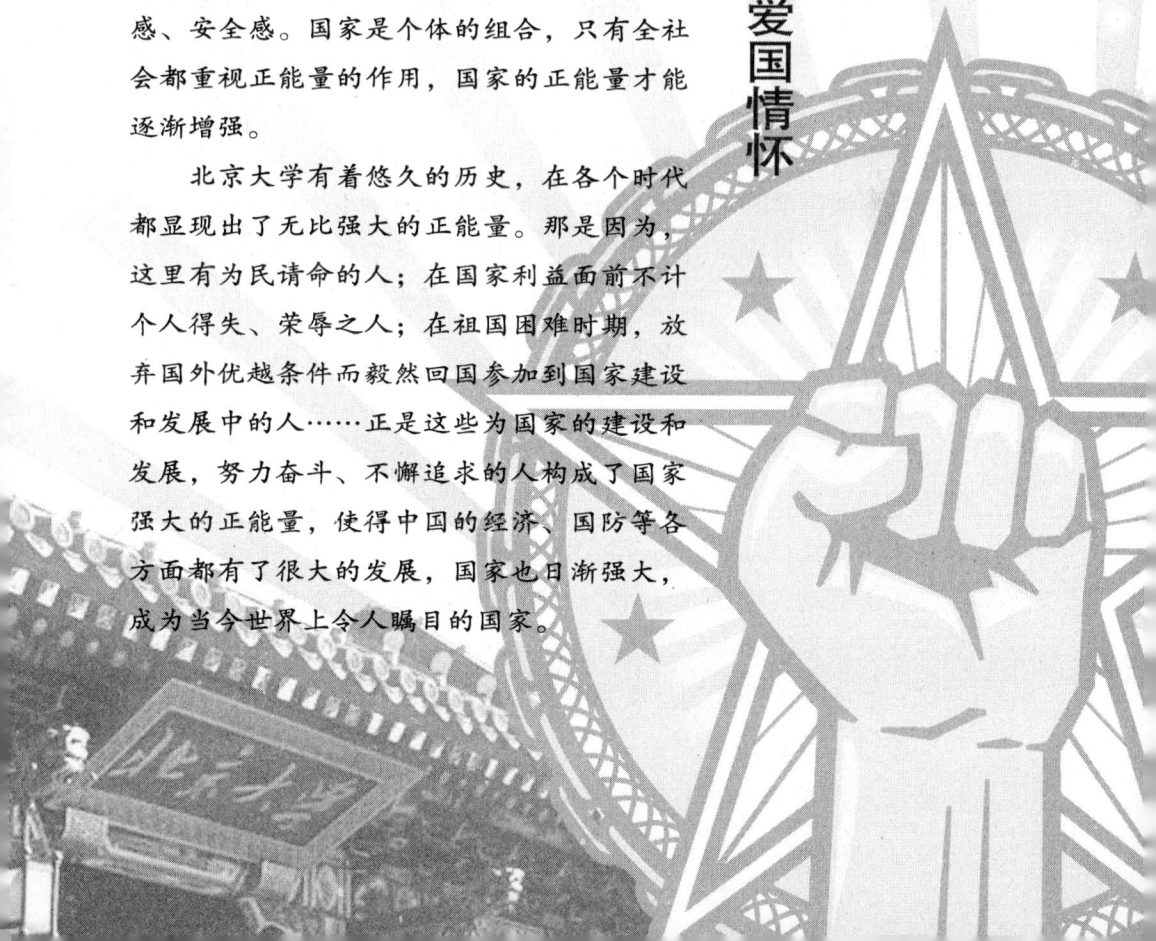

1

爱国精神赋予北大学子积极向上的正能量

我国"两弹一星"元勋郭永怀烈士毕业于北京大学物理系，是知名的空气动力学家和应用数学家，也是我国原子弹和氢弹研究过程中的领导者和组织者之一。他在 1940 年去国外留学，并开始了执教生涯。1956 年，郭永怀毅然放弃国外的优厚条件，回到祖国，担任中国科学院力学研究所副所长等职务。1968 年 12 月 5 日，59 岁的郭永怀从青海实验基地赴北京汇报，因飞机失事不幸遇难。当人们在飞机残骸中找到他时，发现他的遗体同警卫员紧紧地抱在一起，人们吃力地分开这两具烧焦的遗体后，中间掉出了一个装着绝密文件的公文包，里面的重要资料竟然完好无损，郭永怀先生在生命的最后关头，用自己的身体保护了国家的重要科技资料。这样的爱国情怀，怎能不让人动容？

民族的命运决定着个人的命运。中国人民在近代遭遇了西方各国的侵略与凌辱，深深地懂得了民族存亡与兴盛对个人意味着什么。于是，中华儿女在列强面前奋起反抗，掀起了一场轰轰烈烈保家卫国的爱国主义运动，赶走了侵略者，建立了独立、强大的社会主义国家。而在全民的爱国浪潮中，那些莘莘学子更是奋勇当先，不畏牺牲，谱写了一曲曲动人的爱国主义旋律。

爱国主义体现在对祖国怀有强烈的责任感。1979 年，台湾青年林毅夫来到祖国大陆，并在 1982 年获得北大硕士学位后留学美国，成为诺贝尔经济学奖获得者舒尔茨教授的弟子。他刻苦学习，4 年后拿到了博士学位。他本着"对国家、对社会有责任，知识分子应该以天下为己任"的思想，毫不犹豫地回到北大。多年来，他对国企改革、货币政策和粮食、土地、农民工等重大问题发表过许多精辟的见解。尤其是他提出的"新农村建设"构想，是国家"建设社会主义新农村"战略的核心内容之一。

一个人对国家的情感越深厚，历史责任感就越加强烈，人生的目标也会更加明确，信念也不会轻易动摇。作为高等学府，爱国主义教育是必修的一课，而在北大这样有着一百多年历史的学府，爱国主义故事以及在不同时期涌现出的爱国人士，也成为北大后来人的榜样。

1919 年 5 月 2 日，北大校长蔡元培先生获悉北京政府代表在巴黎和会上欲同意将德国在山东的权利转让给日本，蔡先生当晚就将这一消息通报给北大学生。5 月 3 日，北大学生决定第二天到天安门集会抗议。5 月 4 日，北京高校学生涌向天安门，火烧赵家楼，由北京发起的爱国学生运动很快波及全国。这场声势浩大的爱国运动，最终迫使北京政府拒绝在巴黎和约上签字。以这场运动为标志，中国革命进入了一个新的时期。

新中国成立后，北大同样涌现了一批为了民族大业而拼搏的爱国者。著名经济学家、无党派人士马寅初教授 1951 年成为新中国解放后第一任北大校长，他多次下乡考察，为农村迅速发展而高兴，同时，他也为人口的急剧增长将会带来的诸多问题而焦虑。于是，他运用经济学理论深入研究，提出了"新人口论"。可是，在当时，这一理论遭到了批判，而他毫不退缩，坚持自己的理论观点，他说："我对自己的理论有相当把握。"还说："我想的是国家和民族的大事，我相信几十年以后，事实会证明我是对的。"二十年后，新人口论终于得到正确评价。马寅初先生的远见卓识，受到人们的深深敬重，北大学子们更是为这位前校长而骄傲。

北大知识分子为了民族的独立和振兴，为了国家的发展与富强，追求真理，坚持真理，教育和影响了几代北大人。而今，北大人继承北大的爱国情怀，投身教育科研和现代化建设，为国家创造着新的价值。

毕业于北京大学生物系的动物学家潘文石教授在广西研究白头叶猴时发现：人们之所以砍伐森林、猎杀动物，主要是为了自身生存；如果将农村的生活方式改变一下，使那里的人们生活质量提高上来，就能有效地保护野生动物。因此，他大力宣传环保，甚至花高价买回牛粪作为原料制造沼气，示范推广用沼气代替薪柴。他所做的这一切最终得到了人们的理解和参与，使当地野生动物保护、对石漠化危害的遏制、群众生活的改善都呈现出了良性互动的局面。

事实上，北京大学还有许多如马寅初、潘文石这样的爱国人士，他们把国家前途、命运和个人的抱负相连，用自己的学识为国家的发展、民生的改善做出了卓越贡献。还有诸多北大人，为创建世界一流大学，落实"科教兴国"、"人才强国"战略，不懈地工作着。他们知道自己肩负着怎样的责任，他们所做的一切努力就是为了让更多从这里走出去的学生，能够以心怀国家兴盛之心为祖国做贡献。

2

每个人必须根植于祖国的土壤里

北京五四大街，矗立着一座红楼，这座建筑最具有视觉冲击力的就是它的颜色，这是一座名副其实的红色大楼，整个建筑主体都是用红砖砌成的，在阳光的照射下，它显得格外耀眼，充满着活力与希望。这座红楼是北京大学旧址的一部分。自 1918 年建成，它就成为了中国先进思想和文化的策源地，也是五四运动的重要策源地。

1919 年 1 月，第一次世界大战的战胜国在法国巴黎召开 "和平会议"，而中国作为战胜国参加了会议。然而，中国代表在和会上提出的废除外国在中国的势力范围、撤离外国在中国的军队以及取消 "二十一条" 等正义要求，却遭到了巴黎和会的拒绝。不仅如此，巴黎和会还将德国在中国山东的权益转让给日本。北洋政府因为屈服于帝国主义的压力，准备在合约上签字。

1919 年，5 月 1 日，北京大学的一些学生得知了巴黎和会拒绝中国要求的消息。当天，学生代表就召开了紧急会议，并决定于 1919 年 5 月 3 日在北京大学法科大礼堂举行全体学生临时大会。5 月 3 日晚，北京大学学生举行大会。参加这次大会的还有高师、高等工业等学校代表。学生代表发言，号召大家奋起救国。最后定出四条办法：第一，联合各界一致力争；第二，通电巴黎专使，坚持不在合约上签字；第三，通电各省于 1919 年 5 月 7 日国耻纪念举行示威活动；第四，定于 1919 年 5 月 4 日齐集天安门举行学界大示威。

　　1919 年 5 月 4 日，北京大学的学生在红楼后面的空场地集合排队。下午两点钟，和其他各大院校学生一起向天安门行进。到达天安门前，学生们在那里进行演说，喊口号。事前，同学们还准备了一份英文说帖，派代表到英美公使馆去投递，请他们支持学生们的正义要求。当时，学生们对美国还怀有一种幻想。可是，那天是星期天，那里根本没人办公，同学们只好回来了。这时，队伍排在路的西边，而在东交民巷的路口上有一个手持木棒的巡捕，来回巡查着，不准学生队伍通过。满腔热血的青年，各个气愤填膺。学生们从东交民巷至长安街，穿过东单、东四，到了赵家楼。曹汝霖的住宅在路北，临街的窗口都是铁丝网，大门紧紧关闭，学生们怎么交涉，曹汝霖也不肯出来。大家气愤地用旗杆将沿街一排房屋上前坡的瓦，都给揭了下来，摔了一地，这些碎瓦片，全被学生们隔着临街房屋抛进了院子里。后来，有人从里面打开大门，大家一哄而上，开始砸东西，大家的情绪十分激愤。许多学生还涌到了曹汝霖家东边的院子，打了章宗祥。后来，学生们又火烧了曹汝霖的住宅。于是，北洋军阀派出军警镇压，逮捕了三十二个学生。

　　一时间，学生罢课，表示反抗，接着工人罢工，商人罢市，发展成全国性的运动。北京政府害怕 5 月 7 日这一天会有全国性的行动，不得不在 5 月 6 日释放了被捕的学生。

　　而此时，天津、上海、南京、武汉等地学生都在 5 月 7 日这一天举行了大规模的集会和游行示威，声援北京的学生运动。这场运动像风暴一样迅速席卷全国。5 月 9 日，北洋军阀政府下令为卖国贼曹汝霖、章宗祥、陆宗舆辩护，并传讯被释放的学生，追究 5 月 4 日行动的主使人。北京学生对此愤怒到极点，5 月 19 日，北京各校学生同时宣布罢课，要求严惩曹、章、陆三人，并取消污蔑学生的反动命令。上海、天津、南京等地学生，在北京各校学生罢课以后，也先后宣布罢课，支持北京学生斗争。北京学生罢课以后，一方面派出代表到全国各地联络，商讨采取一致行动，发动更大规模的斗争；另一方面组织演说团，在群众中广泛宣传。军阀政府对学生采取极其野蛮的手段，制止学生们的各项爱国运动，检查新闻，查封报馆，甚至逮捕学生。5月25日，教育部开会：限各校学生三日内复课，否则将予以严厉镇压。

反动政府的镇压，更加激起学生们的义愤。6月3日，学生们再次涌向街道，开展大规模的宣传活动，反动军警逮捕了170多名学生，北大也被当成了临时监狱，学校附近驻扎着大批军警，戒备森严。反动军警的皮鞭、刺刀和监狱并没能使学生屈服，反而加强了学生们反帝爱国的斗志。

6月3日，军阀政府大肆逮捕爱国学生的消息，迅速传遍全国。从广东到黑龙江，一百多个大中城市，掀起了轰轰烈烈的爱国运动浪潮，这是中国史上一场空前广泛的运动。工人阶级以空前的政治罢工规模加入了斗争，使五四运动转入了新的阶段。运动中心也从北京移到上海。运动的主力，也由青年知识分子扩大到工人阶级。首先发动罢工的是上海，这里是中国产业最集中的地区。上海工人阶级的罢工风潮，迅速波及各地，罢工斗争就像星火燎原般地在全国燃烧起来。在工人罢工、学生罢课的推动下，工商业资本家也加入了斗争的行列，举行罢市。

五四运动发展成为全国范围的革命运动后，北洋政府大为惊骇。由于工人罢工、商人罢市，使民众的经济生活几乎陷于停顿，特别是罢工斗争的扩大和酝酿，更是对北洋军阀政府造成了致命的威胁。北京街上散发的传单就警告政府，如果不答应群众要求，北京市民惟有直接行动，图根本之改造。上海的工商学各界联合会，于6月6日也打电报给北洋军阀政府，要求对卖国贼严惩，反对在和约上签字。

北洋军阀政府看着爱国运动的浪潮越来越高涨猛烈，为了自保，不得不于6月9日和10日批准曹汝霖、章宗祥和陆宗舆辞职。6月28日是合约签字的一天，中国留学生和工人将中国代表的寓所包围，代表被迫拒绝在和约上签字。可以说，五四运动取得了最后的胜利。

果戈理曾说过："为了国家的利益，使自己的一生变为有用的一生，纵然只能效绵薄之力，我也会热血沸腾。"而前苏联的屠格涅夫也曾说过："没有祖国，就没有幸福。每个人必须根植于祖国的土壤里。"北京大学的学子在国家危难关头挺身而出，不怕牺牲，彰显了中国知识分子爱国爱民的情怀，北大人的这种爱国情怀，使民族与国家拥有了强大的正能量。

3

林毅夫：一定要拥有强烈的社会责任意识

现代社会随着生产的社会化，科学知识成为巨大的生产力，知识分子在社会生产和历史进程中，所起的作用越来越大。而更多的知识分子都有着强烈的社会责任意识，深切关怀着国家、社会以及世界上一切有关的公共利害之事。

林毅夫，著名经济学家，于 1952 年 10 月 15 日生于台湾省宜兰县。1978 年，他获得台湾政治大学企业管理硕士学位，1982 年在北京大学获得硕士学位后，留学美国。4 年后，拿到博士学位的林毅夫，再次回到北大，曾任北京大学中国经济研究中心主任、教授、博士生导师。

林毅夫从小就牢记孙中山先生的遗训："惟愿诸君将振兴中华之责任，置之于自身之肩上。"一个人如果有能够为十亿人谋福祉的能力，就该投身到那样的事业中去。正是有这样的思想，林毅夫后来毅然从台湾泅过海峡，投奔到祖国大陆的怀抱。

1975 年，林毅夫以第二名的成绩毕业于台湾陆军官校正期生四十四期步兵科，第二年考入国防公费台湾政治大学企业管理研究所，1978 年取得政治大学企业管理硕士学位后，立即返回军中，被派驻金门马山播音站前哨担任陆军上尉连长。由于马山是整个金门距离大陆最近的据点，所以，马山连是全师最重要的一个连，不仅官兵是精挑细选出来的，就连装备、福利也都是全师最好的。

在马山，林毅夫经常用半导体的收音机，收听大陆电台，隔着台湾海峡，遥望大陆，林毅夫对祖国大陆充满了无限向往之情。然而，大海却如一道深蓝色的屏障，将两岸骨肉同胞生生分离，使他心中的"大中国思想"无法实现。他痛恨这种人为的分离，却又无力改变这样的现实。而他对于大陆的向往，对于一水之隔的痛恨日益强烈。这时，一个故事改变了他的人生。他听人说起过，十年前一名金东题旅部一连的搜索排长，从天摩山下由后屿坡泅渡到对岸。当时，这名排长事前跟人借了"蛙鞋"，说是下海学游泳，泅渡前的晚上这名排长到一家小吃店吃了一碗绿豆汤，第二天大陆电台就播出新闻，宣布那名排长"起义归来"。这个故事让林毅夫受到了很大启发，他的心情随即豁然开朗，经过深思熟虑后，他做了一个大胆的决定。

1979 年 5 月 16 日傍晚，林毅夫利用职务之便"假传演习命令"，下达了宵禁令，然后，在那个夜晚他凭着高大健壮的体魄，过硬的游泳本领悄悄地泅过台湾海峡，来到大陆。

林毅夫的失踪，使得金门全岛一夜不宁，所有驻军全部出动，在全岛水路两域展开地毯式搜索。为了防止"叛逃"泄露军机，连队当即修订了作战计划，两天后展开了全岛东西守备部队互换防区的大规模演习行动。

来到大陆不久后，林毅夫便进入了北京大学经济系学习政治经济专业。在北大，林毅夫因对西方经济学理论的熟悉、非常流畅的英语口语优势，使得他很快便在同学中脱颖而出。1980 年，诺贝尔经济学奖获得者，芝加哥大学荣誉教授西奥多·舒尔茨来到北京大学宣讲他的经济学理论。林毅夫荣幸地为舒尔茨担任翻译，没想到，这个意外的机会却为他打开了通往世界经济学最高殿堂的大门。

舒尔茨教授对林毅夫的翻译非常赞赏。一天，他问林毅夫是否想去美国读博士，林毅夫不假思索地说："想呀。"当时，林毅夫本以为舒尔茨只是随便一说，没想到舒尔茨回到美国后，正式将林毅夫推荐给美国芝加哥大学。1982 年，林毅夫从北京大学毕业，直接来到芝加哥大学，成为舒尔茨的关门弟子，学习农业经济。1987 年，林毅夫学成归国，成为我国改革开放后第一个海外归国的经济学博士。归国后的林毅夫先是在国务院发展研究中心发展研究所工作，担任副所长，3 年后调任国务院发展研究中心农村部副部长。1990 年，林毅夫在国际顶级经济学杂志之一的《政治经济学期刊》上发表了关于 1959—1961 年中国大饥荒的论文《集体化与中国 1959—1961 年的农业危机》，这篇论文引起了强烈的反响和争议。1992 年，他在《美国经济评论》上发表《中国的农村改革及农业增长》一文，成为发表于国际经济学界刊物上被同行引用次数最高的论文之一，并获得美国科学信息研究所为他颁发的经典引文奖。这两篇文章奠定了林毅夫在国际发展经济学和农业经济学界的地位，他也因此被一些欧美国家的中国问题研究机构视为中国农业经济与社会问题的权威，并屡次被邀请出国访问研究。1993 年，林毅夫获得美国国际粮食和农业政策研究中心 1993 年政策论文奖，并以《制度、技术与中国农业发展》获得中国经济学最高奖——孙冶方经济学奖。他在 2000 年出版的著作《再论与来自中国农业的经验证据》，再次获得孙冶方经济学奖。

1994 年，林毅夫回到北大，联合多位海外归来的经济学界人士共同成立了北京大学中国经济研究中心，并担任主任一职。林毅夫对这个中心付出了巨大的心血和汗水，他表示："从 1994 年成立中国经济研究中心以后，国内主要政策的制定与讨论我们都参与了，包括电信改革、加入 WTO、金融改革、农村发展、社保体系、农民工、粮食问题等等。"由于研究中心提出的许多政策建议独树一帜，一直都是比较受重视的声音，许多思想和观点都成为改革的主要内涵。"在他的推动下，2001 年 10 月，首届中国经济学家年会在北大召开，成为中国经济学史上一个重要里程碑。

林毅夫以此为平台，与世界上许多经济大师，特别是诺贝尔经济学奖得主建立并保持着密切关系。仅在北京大学中国经济研究中心十周年庆祝期间，就曾邀请了罗伯特·蒙代尔、约瑟夫·斯蒂格利兹等

10 位诺贝尔奖获得者前来北大演讲，让北大学子早早地接触到世界最前沿的经济学理论和发展趋势。2005 年 6 月，北京大学中国经济学研究中心荣登财经媒体和中国留美经济学会推出的"中国内地经济学教育研究能力排名"榜首。如今，这个中心已经成为中国经济学研究的大本营。另外，林毅夫还和他的同仁一道成立了国内研究金融改革的重要机构——长城金融研究所，为中国的金融体制改革和大力发展民营银行奔走呼号，并取得了巨大效应。

2008 年 2 月，林毅夫被任命为世界银行首席经济学家兼副总裁，也是中国第一位在世界性金融机构担任高职的人士。2012 年 6 月世界银行副总裁的任期满后，林毅夫回到北大，继续从事教学研究。2012 年 9 月 17 日，北京大学国家发展研究院在朗润园万众楼二楼举行了"新结构经济学研讨会"，林毅夫提出了"新结构经济学"。该学说一经提出，立即引发了同行的热烈讨论。

4

让教育点亮全中国人的梦想

　　一位北大学子曾说过这样一句话："北大不是我一个人的北大，而是一个'国'的北大。"这句话充分说明了北大人深知肩上承担着怎样的国家责任。北大谢冕老师写过一篇《永远的校园》，开头讲述了他走进这片校园的故事："一颗蒲公英小小的种子，被草地上那个小女孩轻轻一吹，神奇地落在这里便不再动了——这也许竟是夙缘。那个八月末的午夜，车子在黑幽幽的校园林丛中停住的时候，我认定那是一生中最神圣的一个夜晚：命运安排我选择了燕园一片土。燕园的美丽大家是有目共睹的，湖光塔影和青春的憧憬联系在一起，愈发充满了诗意的情趣。每个北大学生都会有和这个校园相联系的梦和记忆。"每一位在这里留下过青春岁月的学子，都该是带着一份憧憬、社会责任感和北大的记忆走向社会开始新的人生的。北大有北大人的精英意识，在这里有无数青年经过在校期间的努力学习，经过社会的锤炼，而成为各行业的精英，成为担负民族复兴大业的栋梁。

　　西藏自治区拉萨中学流传着这样一个故事：2010 年 11 月的一天，北京大学研究生支教团志愿者刘笑吟所教的班级有位同学离家出走，刘笑吟在拉萨城寻找到半夜，终于找到这名学生，并耐心劝导他回学校继续学习；而孩子被老师感动得痛哭，承诺一定好好上学……为西部的孩子们尽心尽力，这是每一位北京大学研究生支教团志愿者的写照，他们用自己的行动和努力，在西部的土地上辛勤耕耘，播撒希望的种子，为那里的孩子点亮一盏盏心灵之灯。北京大学第七届研究生支教团志愿者刘杰说："对于花季的少年们来说，他们要拥有梦想和憧憬。而点亮他们的梦想，就是我们的理想。"

北大支教团志愿者来自经济发达地区，他们思想解放、观念新颖、知识全面、工作能力强，以服务贫困地区教育事业为目的，克服气候、语言等各方面的困难，用自己的所学认真支教。在西藏高原地区，许多志愿者为了克服高原气候对身体带来的不适，含着咽喉片坚持在讲台上。由于贫困，许多学生面临失学或者已经失学，这些志愿者们一次次长途跋涉，辗转数十里地走访学生家长，动员孩子上学，并尽自己所能为贫困学生提供帮助，捐资助学。

第一届支教团的徐未欣回忆当年支教时，说起这样的一件事：她在山西灵丘东河南镇即将结束支教工作的前三天，一位名叫武振旺的学生找到她，并说自己想上高中。徐未欣做了家访，了解到武振旺姐弟三人，弟弟即将小学毕业，他和姐姐当时都在读初三，成绩名列前茅。因为家里贫穷，尽管他的父母很希望孩子继续上学，但是实在供不起。在一年的支教时间里，所能发动起来资助学生的朋友和同学差不多都发动过了。为了帮助那个孩子，徐未欣苦思冥想，后来，她想起了在北大上学的时候，有一位老师告诉她如果有困难可以随时联系。"或许，可以试试？"她想。于是，怀着忐忑不安的心情和一定要给武振旺找到资助者的信念，徐未欣在邮电局拨通了北大青鸟集团副总裁张万中老师的电话。"谁也没有想到，张老师毫不犹豫就答应了资助武振旺高中三年的学费。挂上电话，我几乎掉泪。"10 多年过去了，徐未欣讲起那一幕时，眼眶不禁湿润，"要知道，张老师和他的朋友们一共捐助了约 20 名学生高中三年的学杂费，使他们得以继续学业，拥有实现大学梦的机会。"

支教的故事，感动着人们。大山里的孩子渴望知识，而那些志愿者们放弃优越的环境，毅然来到大山中，为孩子们传授知识，点亮了孩子们的梦想。孩子是民族的未来，知识之于孩子的重要，也就是对民族发展的重要。

香港富商李嘉诚生于广东潮州，父亲是小学校长，为了躲避战乱，1940年举家前往香港。两年后，父亲不幸染上肺病，因当时缺乏适当的医疗和药品无法治愈，不幸病逝。李嘉诚被迫辍学走向社会谋生，经过个人多年的努力打拼，成为香港一代首富。而对于李嘉诚来说，早年的坎坷经历使他意识到医疗和教育的重要性，他说："一个国家要富强，最重要的是人才，人才从哪里来呢？一定要教育，如果没有好的教育，国家就无法强大起来。所以，我对教育非常看重。"多年来李嘉诚对内地的教育事业给予了很多资助。从1978年起，李嘉诚先生就在自己的家乡潮汕地区兴办各类对社会有益的事业，如建设桥梁、医院、体育馆等。1980年起捐巨资在家乡建立了汕头大学，而且不断注资，10多年间，使得汕头大学自建校以来进步很大。为了支持汕头大学的发展，李嘉诚先生将"汕头第一城"出售后的全部收入（约15亿元港币），捐赠"汕大发展基金"。他对汕头大学的支持，确已如他所说："超越生命的极限了"。

1993年，李嘉诚先生捐资1000万美元，帮助北京大学建设一座新图书馆。李嘉诚先生曾说过："对中华民族有益的事，我会不停地做，这些都是很开心的事。"对于教育事业，李嘉诚先生更是愿意多出一份力，他说他办实业的初衷意在养家，希望有了钱之后继续接受教育。后来他意识到，一个人就算再聪明，力量也是有限的，只有事业成功才能做更多有意义的事。李嘉诚先生在事业取得辉煌成就的时候，没有忘记家乡和祖国，他支持家乡建设，对民族的教育事业更是尽心尽力，令人钦佩。因为他懂得，知识对于一个人在事业上的助力有多大，他知道，学有所长之人，才能为自己的民族和国家做更多的事情。

5

只有把自己的事业与国家的事业联系起来
才能产生巨大的正能量

　　北大教授徐光宪曾经留学美国，并在那里获得博士学位。毕业后，他婉拒导师的一再挽留，放弃美国优越的学习研究环境，在祖国最需要的时候，毅然选择回国，用自己的所学报效国家。

　　徐光宪先生于 1920 年生于浙江省绍兴市。他自幼勤奋好学，中学时曾获浙江省数理化竞赛优胜奖。虽然徐光宪家境清贫，但其强烈的求知欲望一直未泯。他省吃俭用，积攒学费，利用一切可以利用的时间学习，后来考入交通大学学习。1944 年徐光宪在交通大学化学系毕业，获得理学学士学位。由于他学习成绩优秀，1946 年 1 月起被交通大学化学系聘为助教。徐光宪为了继续深造，于 1948 年初赴美留学，就读于华盛顿大学化工系。1948 年夏，在纽约哥伦比亚大学暑假试读班中，成绩名列榜首，还被该校录取为研究生并聘为助教，一年后获得哥伦比亚大学理学硕士学位，1950 年 7 月被选为美国 Phi Lamda Upsilon 荣誉化学学员，荣获象征能打开科学大门的一把金钥匙及荣誉会员证书。1951 年 3 月完成博士论文《旋光的量子化学理论》，获得博士学位，并被选为美国 Sigma Xi 荣誉科学会会员，再次获得金钥匙一把。他从入学到获得博士学位只用了两年零八个月的时间，这在当时美国第一流水平的哥伦比亚大学，是很不容易的。

在美国留学期间，徐光宪不仅刻苦攻读，潜心研究，更时刻不忘祖国。他参加了进步学生组织"留美科学工作者协会"，并成为该会纽约分会的负责人之一。他还参加了唐敖庆等人发起的"新文化学会"和"哥伦比亚大学中国同学会"。之后他所在的组织和其他进步中国留美学生组织于1949年10月在纽约国际学生公寓举办了庆祝中华人民共和国成立的大会，向联合国发了签名通电，要求接纳新中国代表参加联合国大会，驱逐国民党政府的代表，并在1950年初发起慰问人民解放军的"一人一元劳军运动"。这些组织在动员留美学生返回中国参加建设方面起过积极作用。在这些组织中，徐光宪一直是一个积极的活动分子。

在美期间，徐光宪深受导师C·D·贝克曼的器重。贝克曼极力挽留徐光宪留在美国进行科学研究，并推荐他去芝加哥大学R·S莫利肯教授处做博士后。当时，徐光宪的夫人高小霞还没有获得博士学位，如果徐光宪去莫利肯那里，不但可以获得最好的科研工作环境，还可以为高小霞继续求学创造良好的条件。但那时朝鲜战争已经爆发，徐光宪认为祖国更需要自己，应该尽快回国，用所学的知识报效国家。当时美国政府极力阻挠留美中国学生返回新中国，1951年初，美国国会已经通过有关禁令，待美国总统批准后即正式生效。面对这种情况，徐光宪十分焦急，想尽办法尽快离开美国，高小霞也毅然决定放弃再过一年即可获得的博士学位和他一起回国。于是，他们假借华侨归国探亲的名义，在1951年4月乘船一同回到祖国。

回国后，徐光宪被北京大学聘为副教授，执教于北大化学系，并兼任燕京大学化学系副教授。

1981年被任命为国务院学位委员会第一届理学评议组化学组成员。几十年来，徐光宪在北大为国家培养了一大批教学和科研人才，并在物质结构、量子化学、配位化学、萃取化学、稀土科学领域作出了突出的贡献。1994年，徐光宪获得了何梁何利基金科学与技术进步奖。

1980 年 12 月，他发起成立中国稀土学会，并当选为副理事长，蝉联至今。徐光宪的科研事业是与我国稀土工业的发展联系在一起的。我国拥有丰富的稀土资源，却长期处于有资源无利益的被动局面。中国的稀土资源占世界已知储量的 80%，其地位可与中东的石油相比，具有极其重要的战略意义。然而，我国发挥稀土优势之路并不平坦，这一跨越得益于串级萃取理论及其工业实践。1972 年，北京大学化学系接到一项紧急军工任务——分离镨钕。刚从北大技术物理系回到化学系的徐光宪成为这个任务的领军人物。由于镨钕都属于稀土元素，其化学性质相似，17 种稀土元素要想提纯任何一种都非常困难，更别说如孪生兄弟一样的镨和钕了。在查阅了大量的资料后，徐光宪做了一个大胆决定：放弃采用国际上流行的离子交换法和分级结晶法，以特有的学术敏感性选择萃取法来完成分离。经过他与团队的不懈努力和刻苦研究，实现了串级萃取体系从设计到应用的"一步放大"，传统方法的小试、中试等中间步骤被计算机模拟取代，生产成本大幅降低。2006 年，中国生产的单一高纯度稀土已占全球产量的 85%，彻底打破美、法、日等发达国家对国际稀土市场的垄断格局，实现我国从稀土资源大国到生产大国的飞跃。

黎乐民说："徐先生的科研经历绝非一帆风顺，但是他百折不挠，对科研的执著追求从未改变。几十年来，他为适应国家需要，四次变更科研方向，每次都能看准前沿，迅速取得累累硕果，一方面是由于他有为祖国科研事业作出贡献的强大精神驱动力，另一方面也由于他具有广博深厚的学科基础。"

6

思想是人的翅膀，带着人飞向想去的地方

俞敏洪说："思想是人的翅膀，带着人飞向想去的地方。"一个人有着怎样的思想，也就决定了他的人生方向。

北大学者朱光亚说："我这辈子主要做的就一件事：搞中国的核武器。"1945 年 8 月，美国在日本的广岛、长崎两地投下了两枚原子弹，加速了日本侵略者的投降速度，同时，也唤起了中国人制造原子弹的梦想。抗战胜利后不久，重庆国民政府邀请数学家华罗庚、物理学教授吴大猷、化学教授曾昭抡赴重庆商讨发展原子弹武器事宜。之后，这些优秀学者便携同自己的爱徒先后到美国考察。

到达美国后，华罗庚师徒赴普林顿大学和先期到达的曾昭抡会面。曾昭抡告诉他们，美国有关原子弹的各个科研机构不允许外国人进入。残酷的现实使朱光亚明白：美国是不会帮助中国发展尖端科技的。而当时蒋介石正一心一意地打内战，根本无心资助原子能事业。就这样，旧中国科学工作者制造原子弹的梦想，化为泡影。师生们考察的热望破灭后，决定自谋出路，他们分别进入美国的研究机构或大学，学习研究前沿科学技术。朱光亚不改初衷，1946 年 9 月，他随吴大猷进入密执安大学，从事核物理学的学习和研究，一边在研究生院学习物理技术，一边攻读博士学位。在美国，朱光亚潜心学习，25 岁获得博士学位后，于 1950 年春从美国回到北京，投入到建设新中国的队伍中。

当时在密执安大学的中国学子对国内形势十分关注，朱光亚在担任中国学生的学生会主席时，常常组织一些活动，传递国内信息。通过这些活动，他向大家宣传国内形势，唤起大家的爱国情怀，鼓励同学们学好知识报效祖国。1950 年 3 月朱光亚回国后，第四天就去了北京大学物理系任教。他满腔热情地投入到了教学第一线，为培养新中国的建设人才勤奋工作。在完成教学任务的同时，他也没有忘记研究原子弹武器等事宜。1951 年 5 月，商务印书馆出版了他写的《原子能和原子武器》，书中介绍了原子能的发展、研制、氢弹秘密等内容，这本书是我国系统介绍核武器的早期著作之一。

1952 年春，美朝战争进入胶着状态，停战谈判成为我国外交工作的大事之一。朱光亚和钱学熙两人被国家选中作为我国谈判代表团的翻译。那时，美国一直都在研究使用原子武器，所以，谈判桌前美方代表经常以此为要挟。朝鲜战场的战争场面、敌我双方武器装备的差距、美国的核威胁，这一切使朱光亚认识到现在再也不是小米加步枪的时代了。国家要想真正独立，不受人欺负，必须要拥有现代化国防。

1952 年底，从朝鲜回国的朱光亚按着组织安排调到中国东北大学（现吉林大学）任教授，参与组建物理系。在东北大学，他主讲力学、热学、原子物理学等课程，同时他还十分重视学科建设。在他和同事们的努力下，东北大学物理系在短短的数年之内就跻身于全国高校物理系的先进行列。1955 年，党中央作出发展原子能工业的战略决策。同年 5 月，朱光亚与胡济民、虞福春等奉命筹建北京大学物理研究室，担负起尽快为我国原子能科学技术培养专门人才的重任，这是当年我国加快发展原子能事业的五项措施之一。1956 年夏，核物理专业培养出第一批毕业生。1956 年 9 月，朱光亚调任中国科学院物理研究所中子物理研究室副主任，在钱三强的领导下，与何泽慧等人一起带领年轻人从事中子物理和反应堆物理研究，而且还参与了前苏联援建的核反应堆建设和启动工作，并发表了《研究性重水反应堆物理参数的测定》等论文。他还领导设计、建成了轻水零功率装置并开展堆物理试验，跨出我国自行设计、建造核反应堆的第一步。

在原子弹研制的关键时刻，朱光亚出任中子点火委员会副主任委员，同主任委员彭恒武、委员何泽慧一起指导了几种不同点火中子源的研制与选择，并协同冷试验委员会研究确定点火中子综合可靠性的检验方法等关键课题的攻关。1959 年 7 月，朱光亚被调入核武器研究所，次年 3 月，被任命为副所长，担任科学技术方面的总负责人。研究原子弹是一项综合性很强的大科学工程，涉及理论、试验、设计、生产等各个方面，需要多学科、多专业的密切配合。而那时，国家刚刚建立 10 周年，科技与工业基础极其薄弱，专业人士也很少，国家正处在三年困难时期，难以投入足够的资金。而国外对有关的技术资料严加保密，对重要的原材料、元器件和仪器设备实行封锁禁运，想在短时间内突破原子弹技术非常困难。可以说，当初最大的困难就是缺少材料。1958 年，前苏联讲授原子弹教学模型时留下了一份提纲式记录。朱光亚与邓稼先、李嘉尧一起将这些零星记录整理成一份较为完整的参考资料，并在此基础上开展自己的理论研究。1960 年 8 月，前苏联政府撤回专家，我国工作者开始了自行研制原子武器的道路，并获得了巨大成功。

原子弹和氢弹的研制成功，使我国军事力量一下子令世界瞩目。这些知识分子，一直心怀祖国，用自己的努力为国家的国防建设作出了巨大贡献。

朱光亚谦虚地说，他一生就做了一件事情。但这件事情是新中国血脉中最激烈奔涌的中坚力量。从美国在日本国土上投下原子弹后，朱光亚就一直梦想着有一天中国也拥有原子弹。终于，在他们这些科学工作者的共同努力下，这一梦想获得了实现。可以说，正是因为朱光亚等一批优秀的科学研究者怀揣着炙热的爱国思想，并用积极、向上的正能量来鼓励自己努力前进，才最终实现了自己的梦想，为我国的国防科技事业作出了重大的贡献。

第五章

【心灵正能量】

北大用高雅文化滋养你的心灵

黎巴嫩诗人纪伯伦曾经说过："你的心灵常常是战场。在这个战场上，你的理性与判断和你的热情与嗜欲开战。"生命中，赋予人类最大能量的就是人类的心灵。心灵是人类所有能量的源泉，只要活着，心灵中的正负能量就在不停地战斗。一个人如果能够拥有一颗具有正能量主导的心，那么他的生命将具有奔向希望与光明的不竭动力。一个积极、乐观、心灵具有正能量的人，会让周围的人感受到一种快乐向上的动力。在这些人的心中，生活是积极向上的。相反，心灵具有负能量的人制造出消极的力量，不仅会让自己的生活变得一团糟，也会让周围的人感觉到诸事不顺。

北大人之所以能够取得较大的成就，最重要的原因就是他们具有一颗充满正能量的心。他们的心灵充满爱、勇气与自信，他们具有一颗传递正能量的心灵，让周围的人感到快乐、舒适，因此受到他人的尊重与拥护，人生也因此拥有了更大的价值。

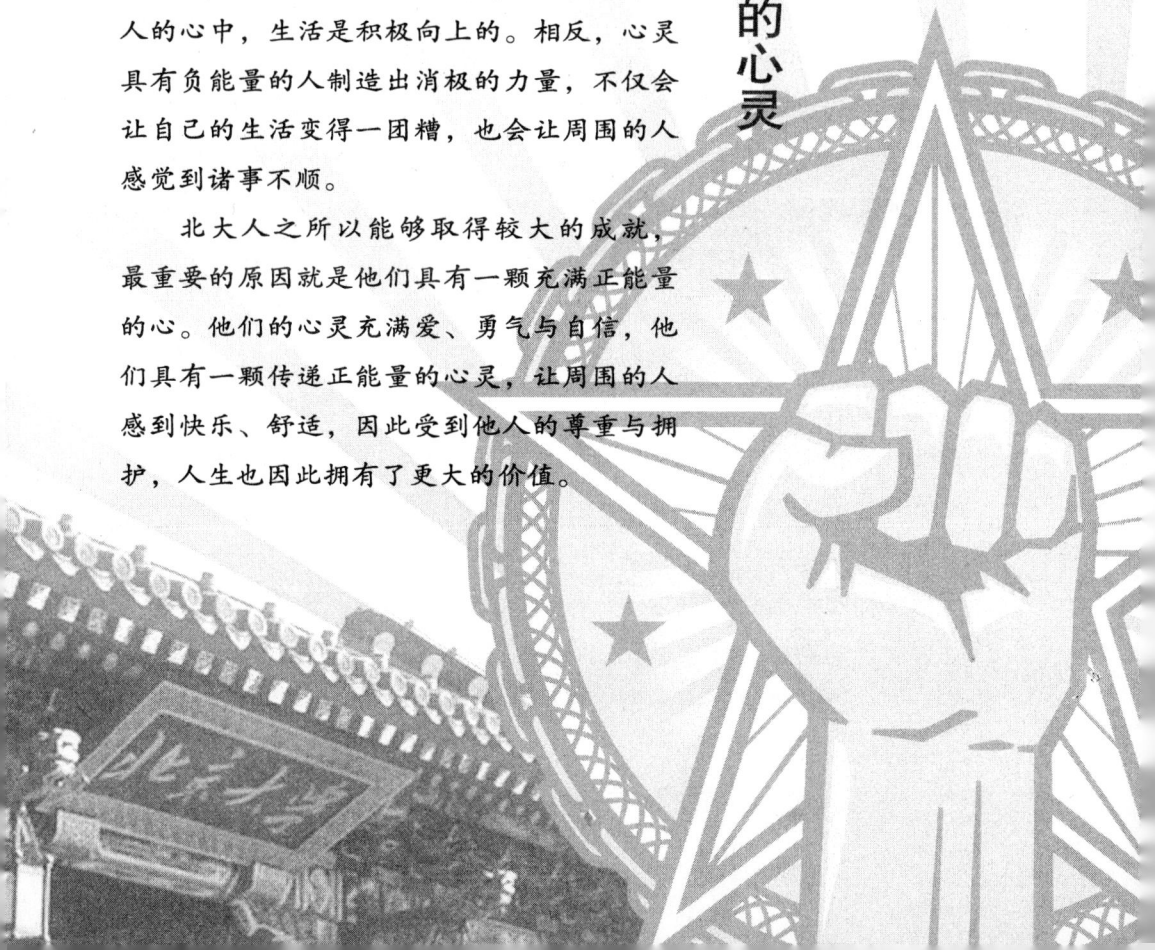

1
北大人都有一颗传递正能量的心

　　北大诞生在一个动荡的年代，戊戌变法的最后成果只留下了京师大学堂，它是中国的第一所国立大学，辛亥革命后改名为北京大学。北大是中国变革的产物，是一种民族转型的象征。北大的诞生与一个民族的命运相连，北大在国难当头时冲上前线，在稳定时期默默沉思，在转折时期呐喊奋起。北大展现了一代人所具有的正能量，影响着后辈们的精神。可以说，北大从诞生开始就代表着中国民族的正能量，比如五四运动的发祥地就是北京大学，北大正是在这种新文化运动中塑造了强大的精神，积攒了一个民族所具有的强大正能量。

　　谈起北大，人们总能与精神连在一起，这是历史的积累，是北大人的思想沉淀。北大的精神不仅是民族苦难的爱国精神，更是做人的精神。生活中，任何一个人都需要精神支柱，而北大就能够提供这样的正面能量。如果北大没有了它所具有的正能量，那么北大就不再是北大，而只是一个人的职业训练场所。大学就应该是最具有正能量的地方，而北大人就具有这样一种精神贵族的情结。北大是中国最早成立哲学系的高校，开启了现代中国的哲学之门。这更加印证了北大不单是一个高等学府，更多聚集了所有民族的正能量，引领着大多数人心灵的成长道路。

　　当然，北大学府所具有的精神能量也都是由人所赋予的，是一代代人传承下来的。其实，我们每个人身上都潜藏着巨大的正能量。如果人们能够发挥出自己的积极能量，就一定能够取得不可小觑的成就。相反，如果一个人的心灵总是去选择负能量，必定会毁掉自己的人生。一个人如果缺乏正能量，就会被负能量所操纵，被消极情绪所限制，让自己陷入困境，甚至将自己的人生逼向绝境。尤其是在如今负面能量高涨的时代，正能量无疑是每个人不可缺少的积极力量。只要每个人都能释放自己的正能量，那么他的人生路上一定会增加很多前进的动力。一个人的心灵就类似于一个"能量场"，里面包含着积极乐观、自信豁达等正能量，又隐藏着失落消沉、猜疑妒忌等负面能量。而这两种能量是此消彼长的关系，所以当正能量发挥的时候，消极情绪就会逐渐消失，人们的轻松愉悦感就会逐渐增强。

从前，有个书生上京赶考，投宿一家客栈。在考试的前一天晚上，书生做了两个梦。第一个梦是他梦到了自己爬到了墙上种白菜；第二个梦是在下雨天的时候，他打着伞，身上还披着雨衣。

他觉得这两个梦似乎很有深意，于是便找算命先生解梦。算命先生听后，当场就说："我看你还是回家吧。高墙上种白菜不是白费力气吗？打伞披雨衣不是多此一举吗？"书生听后，十分失落，便回到客栈准备打包回家。客栈的老板感到非常奇怪，便问："你明天就要考试，为什么今天要回乡呢？"书生把算命先生的话告诉了老板，老板一听就笑了："我也会解梦，我觉得你明天一定要去参加考试。你想，墙上种菜不是高种（中）吗？打伞披雨衣不是有备无患吗？"书生听后，觉得非常有道理，于是第二天精神抖擞地去参加了考试，果然中了个探花。

如果这个书生接受了算命先生的话，失落地打包回家，恐怕就只有落得失败的结果了。正能量就是充满热情与信念，是一种乐观向上的态度。人生中所有美好事情的发生都是积极主动的心态产生的。一个具有正能量的人能够在黑夜中寻找光明，照亮自己前进的道路；而一个具有负面能量的人，却在光明之中蒙蔽自己的眼睛，让自己看不到前进的方向。

因此，无论身处何境，都要让自己的心灵充满正能量，用乐观的心态去看待事物，做能掌控自己命运的人，不畏惧任何负面的力量。心灵充满正能量的人更容易取得成功，因为他们乐观向上、积极热情，因此，没有什么挫折可以打败他们。每一个人都有自己的人际关系网，心灵能量所产生的气质又会影响彼此的心理。一个具有积极健康的正能量的人，就会将自己的正能量传递出去，让周围的人有愉快轻松的感觉，从而受到很多人的欢迎。只要是正常的人都向往光明，就像 "飞蛾扑光" 一样，人们通常都喜欢与充满正能量的人交往。曾经，蔡康永就赞扬过小 S，说她是一个很有趣的人，她本身就充满热情与活力，与这样的朋友交往就会觉得生活就是快乐有趣的经历。拥有正能量的人也是值得他人信赖的，正能量就是人生的最大财富。

北大人之所以能够很容易在社会上取得成功，成为人群中的佼佼者，与他们内心所具有的正能量息息相关。他们无时无刻不在发挥着心灵的正能量，用乐观向上的态度面对困境与挫折。北大人所传承的正能量，是每个人应该学习的精神，也是一个民族发展所必需的动力。2012 年 12 月 13 日，习近平总书记在会见美国前总统卡特时，就强调要为中美关系发展积累正能量。可见，一个人梦想的实现需要正能量，国家梦想的实现也同样需要正能量。

2

记住：内心的强大源于心灵的宁静与淡定

了解过北大后，你就会发现，北大人都有一颗坚强的内心与淡定的气质。无论是曾当过北大校长的蔡元培还是曾在北大任教的鲁迅、沈从文、梁实秋等人，他们都是北大精神的塑造者，是一代人的先锋力量。在那个充满血腥的年代，他们守住自己的信念，用坚强的内心为后辈们开拓了创新的道路，这一切都源于他们面对挑战淡定处之、从容不迫的态度。

在现代物欲横流的社会中，最大的坚强莫过于守住宁静与淡定的心。当你抛下一切包袱，悠然地品味着大自然的美丽，感悟着万家灯火的幸福，这又何尝不是一种幸福呢？生活在当今社会里，人们只有保持一颗淡定的心，才能守住自己的信念与信仰，才能塑造一颗坚强的内心。

一位太太拒绝将自己的女儿嫁给貌不出众的穷小伙，因为她觉得他不会有什么出息。谁料，这个貌不出众的穷小伙后来竟然成为了世界上第一个亿万富翁，他就是美国资本家、闻名于世的石油大王洛克菲勒。

洛克菲勒一生做过三件让人叹为观止的事情。第一件，他曾经拥有世界上最多的钱，当美国的百万富翁仅有几个时，他已经拥有资产20亿美元；第二件，他花的钱比当时任何人花的都多，他一生中总共花费了将近8亿美元，换个方式说，从他出生起，平均每天花掉2

万美元；第三件，洛克菲勒是最长寿的富翁之一。他是最令美国民众嫉妒的一个人，曾经接到过数封匿名恐吓信，但是他还是健康地活到了98岁。为什么他能如此长寿呢？当你了解他的性格后，可能就会了解这其中的缘由了。他性情恬静，处事不急不躁，即使成为了美孚石油公司的老板后，也仍然保持良好的休息习惯。无论当天有多么紧急的事情，他都坚持中午在办公室的躺椅上睡上半个小时。或许在你看来这是一件不足挂齿的小事，但这体现了洛克菲勒内心的宁静与淡定。正是这种性格造就了他坚强的内心，使他能够坦然地面对各种问题与挑战，或许这也是他长寿的一个原因吧！

内心的宁静与淡定是一种生活态度，是一种脚踏实地的平实，它丰富但不肤浅，是理性而不是盲从。淡定是一种人生境界，是智慧的不争，是宠辱不惊，是坚守自己理想、信念的一种无声的力量。

夏日的傍晚，夕阳染红了半边天。在一片无垠的草原上，几只黑斑羚悠闲地在草原上走来走去。然而，此时在不远处近百米的草丛中，有一只雄狮的眼神正在紧紧地追随着它们。对于即将到来的死亡，黑斑羚浑然不知。这头雄狮仔细地观察了片刻，便瞄准其中一只，用闪电般的速度向着黑斑羚冲刺。黑斑羚反应极其灵敏，它们立即惊跳，迅速向四面八方逃亡。

狮子盯住一只，继续猛追。狮子的速度明显胜过黑斑羚，它们的距离越来越近。就在此刻，让人惊诧的事情发生了——黑斑羚竟然自动放慢了速度，开始从容不迫地蹦跳、腾跃，姿势优雅，还不时回头过来观望一下后面追赶的狮子，好像没有受到任何威胁一样。这让狮子感到十分奇怪，赶紧放慢了脚步，困惑地看着黑斑羚的戏弄，好像感觉这是黑斑羚的陷阱。之后，狮子又小心翼翼地追赶了几十米，黑斑羚依然慢慢地蹦跳，显得轻松淡定。狮子感到惊慌，于是放弃了对黑斑羚的追杀。

黑斑羚自知跑不过狮子，但是它并没有惊慌失措，放弃对生命的期待，而是淡定地去面对眼前的危险，用从容不迫的内心力量去敌对狮子的凶猛。如果黑斑羚内心没有那份淡定，落荒而逃，那么它必定抵不过狮子的速度，只会沦为狮子的盘中之餐。正是这份淡定所赐予的强大力量让它能够挑战眼前的困难，从而脱离险境。

其实，强者与弱者的区别，并不是能力强弱之争的结果。强者往往能够战胜自己内心的恐惧，用淡定的心态去面对人生的挫折，使自己的内心拥有强大的力量，把握住生命中的每一丝希望，最后赢得精彩的人生。

唐朝布袋和尚的一句禅诗是："手把青秧插稻田，抬头便见水中天。心地清净方为道，退步原来是向前。"意思是说，从近处也可以看到远处，退步也可以当作进步。这首诗告诉人们一个道理：退一步海阔天空，淡定宁静的心态才最珍贵。淡定是心境豁达的一种表现，是有志之人保持从容淡定的绵绵无绝之力，这是一股强大的生命力。只有守住内心的宁静与淡定，才能在充满挫折的人生旅途中奋勇前进。

淡定是一种智慧，一种气度，一种坚忍，也是一种豁达的生活态度，一种超凡的人生境界。每个人都需要这种心态，这样才能塑造坚强的性格，在生活中处事泰然，宠辱不惊。生活中，人们通常都会被外界环境所影响，被自己的情绪所控制，从而使自己失去很多成功的机会。无论是北大走出的名人还是社会上获得一定成就的人，都有一颗恬静淡定的心。因为只有宁静的心灵才能铸造一颗与挫折相抵的强大内心，而内心浮躁不安的人在困难之下就如一只上升的气球，不堪一击。

3

人因为思想而伟大，心灵因细腻而伟大

　　诗人摩罗说："心灵因细腻而伟大。"一个人的心常常因为细腻而伟大，因为细腻才能够捕捉到人生的希望，触摸到需要帮助的人，感知到世间的美好。如果人们都能够拥有一颗细腻的心，用它来感受他人的需要与渴望，就能温暖周围的每一个人。

　　一个具有伟大成就的人，除了拥有伟大的思想，更重要的是他拥有一颗细腻的心灵。北大的首任校长蔡元培就是这样的一个人。蔡元培在晚年时逐渐淡出了名利场，隐居在香港养病，但是由于他德高望重，很多学生还是请他写推荐信。当然，蔡元培也来者不拒，几乎是有求必应。

　　有一次，一个年轻人来信说自己是北大的学生，毕业后回到家乡找不到适合的工作，希望老校长能够给自己写一封推荐信。蔡元培看完信马上就写了一封推荐信寄给了自己熟识的公司。令他意想不到的是，几天后这家公司给他回了一封信，信上说他推荐的这名学生并不是北大的毕业生，并劝蔡元培以后要注意辨别，以免损坏他的名声。显然，这个年轻人骗了蔡元培。蔡元培却又给这个公司回复了一封信说，不要在意他是不是北大的学生，而是要看他是否真的有能力。如果他是北大的学生，但是没有真才实学的话，那也不能用；而如果他不是北大的学生，却有真才实学，那么为何不用呢？另外，他还劝这家公司，现在时代动荡，年轻人找工作难，做出这样的行为情有可

原。而且这并不妨碍他们为国效力，千万不要因为这样的事情而断然拒绝他。蔡元培病重时，很多朋友来看他，他常常对他们说："青年人是时代的希望，我们这些老年人就应该处处为他们着想，不要太在意自己的名誉与身份，要为年轻人提供更多的机会。"

蔡元培校长能够考虑得这么细心周到，实在令人崇敬。如果说，细节决定成败，那么，心灵常常因为细腻而伟大。与蔡元培校长有着相同信念的人，还有另一位教育家陶行知先生。

陶行知先生在任一所小学的校长时，发生过两件事，让人们互为传颂。第一件事是：有一天，他发现学生王友用土块袭击自己的同学，陶行知发现后马上阻止了王友，并吩咐他下课后到办公室找他。下课后，王友到了办公室，却发现校长不在，就在门口候着。不一会儿，陶行知就来到了办公室门口，当他看到王友已经在门口时，马上掏出一颗糖给他说："这是奖励你的，因为你准时到了这里，而我却迟到了。"当王友惊讶地接过糖果后，陶行知又掏出一颗糖果递给他说："这也是奖给你的，因为当我不让你打人时，你马上就停手了，这说明你很尊敬师长。"说完，陶行知又掏出一颗糖说："我已经调查过了，你袭击他们是因为他们欺负其他同学，这说明你很有正义感，而且很勇敢。"这时，王友哭了："校长，您处罚我吧，我打的也是我的同学啊！"陶行知听后满意地笑了，接着又掏出一颗糖说："这颗糖奖励给你，是因为你及时承认了错误，知错就改是很好的品质。好了，我的糖果奖完了，我们的谈话也到此结束吧！"

另一件事是：在一次数学考试时，一名学生因为少写了一个小数点，被扣掉了2分。试卷发下来以后，这名学生偷偷地加上了一点，然后找到陶行知要求加分。陶行知虽然看出了问题，但是并没有挑明，而是给这名学生加上了分数。不过，他在那个小数点那儿画了一个圈。该生明白了他的意思，顿觉羞愧。后来，这名学生回忆起当年的情景时，还十分激动。因为他当时是怀揣着不安的心情去找陶行知的，很怕自己被揭穿，但是陶行知没有当场让他难堪，他的内心因此受到震撼，发誓以后一定要努力学习，做一个真诚的人。

也许在很多人看来，陶行知似乎有点糊涂，但其实这是一种细腻的体现。陶行知细心地维护了学生的自尊。如果陶行知当场指出那名学生的错误，无论结果如何，这名学生的自尊肯定会受到伤害，其心灵也必定会蒙上阴影。

《拉萨的月亮》中描写过这样一个情节：拉萨每年过年时都有一个必不可少的环节，就是到街头布施穷人。穷人排着队站着，很多布施者拿着零钱按照顺序分过去。其中有一个人钱快分完了，看后面却还排着很长的队，于是就挑自己看着顺眼的穷人给，那些看着不顺眼的就直接跳过去了。这时，有一个藏族人将这个人拉到旁边告诫他不能这样分，否则那些被跳过去的人的心理就会受到伤害。只有按照顺序布施，钱分完了就结束，才是对的。这名藏族人讲完后，认真地看着这个人，直到确定对方理解自己意思，并改正自己的行为后，才放心地离开了。

这名藏族人的心灵如此细腻，令人深深感动。一个人的心如果能够细腻到这种程度怎能不伟大！从根本上说，细腻本身就是伟大的，因为细腻的内心体现了人的善良与爱心，也体现了一个人的尊严与良知。一个内在有尊严的人，必定会关心他人的处境与尊严。当社会变得越来越粗糙，人们变得越来越自私冷漠的时候，只有细腻的心灵始终如春雨一样滋润着世间的一切。

4

爱和慈悲是心灵最强大的正能量

北大教授钱玄同先生曾经说过："一个人的所有功德都来自爱与慈悲。"爱与慈悲营造了温柔美丽的世界，而且一个人也是通过爱与慈悲之心，迈向人生的最高境界的。一个人要想让自己的人生有价值，就要对其他人与事物抱有一颗慈悲的心。当然，慈悲也要有智慧，也要分是非善恶，这才是真正的慈悲。

有一位禅师搭船过河，要到远方游历参学。当他乘坐的船刚离开岸边时，有一位身佩宝剑、手执长鞭的将军，站在岸上大声吼道："喂，等一下，载我过去。"船上的人都说："船已经走了，不能回头了。"这个禅师不忍心地说道："船家，现在船还没有走远，行个方便，回头接他一下吧！"船家看是一位出家人说情，马上就掉头让那位将军上了船。那位将军上船后，看到船上有一位出家人，拿起鞭子抽了一下这位禅师，并说："臭和尚，一边儿去，把座位让开。"他的那一鞭子打在禅师的脸上，鲜血顿时流下，但是禅师还是一声不吭地将座位让给了那个将军。船上的人看到后都很害怕，噤若寒蝉。

船到达目的地以后，禅师跟着大家一起下了船，俯身用河水把脸上凝结的血块清洗掉了。这时，那个野蛮的将军觉得对不起禅师，突然跪倒在禅师面前，忏悔地说道："师父，对不起！"禅师心平气和地说："没事，出门在外的人心情难免会有点糟糕！"

是什么力量降服了这位野蛮的将军呢？是聪明的头脑，是无边的法力，还是强大的权势？都不是，是慈悲的力量。慈悲的力量可以让人的心灵变得强大，不为恶势力所动，也可以使嗔恨化为平和，让暴戾变为温顺。在慈悲的面前，顽石也会融化。虽然有时候，这种慈悲似乎到了卑微的地步，但是一个人能够放弃所谓的"尊严"，执著地维护着世界的平和，守护着他人需要关爱的心灵，随时准备接纳任何一个需要港湾的人，给予他人爱与温暖，不求回报，不怕受伤害，这难道不是令所有人都崇敬的人吗？爱与慈悲就是奉献，而奉献就是一个人活着的所有价值，也是一个人心灵所具有的最强大的力量。

在一个智障儿童的募捐聚会上，在场的所有人都忘不了一个父亲所讲的一段话。那个父亲说："按理说，在没有任何外力的干扰下，自然所创造的生命都是完美的，但是我的儿子，乔兹，却永远不能像其他孩子一样学习，也不能像其他孩子一样了解这个世界。在我的孩子身上，大自然的法则何在？"台下的观众听得哑口无言。这个父亲继续说："但是我相信，像乔兹这样心智残缺的人来到世界上，是一个人类展示本性的机会，这个机会就体现在人们如何对待这样的孩子。"

后来，这位父亲又讲了乔兹过去的一个经历：乔兹喜欢到一个公园里去玩耍，因为他认识的男孩经常在那里玩棒球。有一次，乔兹问父亲："你觉得他们会同意我跟他们一起玩吗？"父亲知道很多孩子都不愿让乔兹这样的孩子分到自己的队中，但是作为一个父亲他知道，如果儿子能够参加这个运动，就会得到心灵迫切需要的归属感，并建立起被接受的信心。父亲到一个孩子身旁，没有抱什么希望地问："是否能让乔恩参加？"这个孩子看了下自己的队友说："我们现在输了 6 分，现在正在第 8 局，等到第 9 局时我们会想办法让他上场的。"

乔兹听到后，带着满脸的笑容艰难地走到了球队的休息区，并穿上了球队的球衣。这位父亲眼睛禁不住湿润了，心中充满了温暖与感激。那些孩子也看到了这位父亲对于儿子能被接受的欢喜。在第8局的时候，乔兹的队追上了3分。第9局开始时，乔兹戴上手套上场了，虽然球没有向他飞来，但是能够上场乔兹已经很兴奋了。父亲从看台上向他挥手时，他笑得很开心。第9局下半场时，乔兹的队又得分了，此时的下一棒是球队逆转的机会，而乔兹正好被排在这一棒。父亲心想："在这个关键时刻，球队会让乔兹上场打击而放弃赢球的机会吗？"但令这位父亲意想不到的是，他们将球棒交给了乔兹，虽然大家都知道乔兹不能打到球，甚至他不知道怎么握球棒。然而，当乔兹站到了打击的位置时，对方的投手看到乔兹那紧张、渴望的神情，明白这一时刻对于乔兹的重要性后，决定放弃赢球的机会。这名投手向前迈了几大步，投了一个很软的球给他，希望他至少能够碰一下。然而，球投出去的时候，乔兹笨拙地挥了一下，没有击中。对方的投手又往前迈了几步投出一个软软的球。这次，乔兹挥棒打出一个慢慢的滚地球，直接滚向投手。这时，只要对方投手捡起这个球传给一垒手，就会让乔兹出局并赢得这场比赛。然而，对方投手却让球高高地越过一垒手的头顶，并让他的队友全都接不到。

这时，每个看台上的人，无论是哪一队的队员都开始喊："乔兹，跑到一垒！快跑到一垒！"乔兹恐怕从来没有跑这么远过，但他还是努力地跑到了一垒。等他跑到一垒惊喜地看着大家时，所有人又喊："乔兹，跑到二垒！"乔兹刚喘完气又蹒跚地跑向二垒，很艰难地跑着。就在乔兹跑向二垒的时候，对方的右外野手拿到了球。这个全队中最矮的孩子终于有了一次当英雄的机会，只要他把球传向二垒，就能够赢得比赛。但是，右外野手明白投手的心意，他也故意让球高高地越过三垒手的头顶。这时，大家都喊："乔兹，跑到三垒，快跑到三垒！"此时，对方的游击手也跑来帮忙将乔兹带向三垒的方向，而且高喊着："跑到三垒，乔兹跑到三垒。"就在乔兹跑到三垒的时候，双方的选手以及看台上所有的观众都站起来高喊着："乔兹，全垒打！全垒打！"最后乔兹跑到本垒时，大家都为他喝彩，就像他是打了大满贯为队伍赢得比赛的英雄一样。

当这位父亲讲完这段经历后，泪流满面地说："这两队的孩子将真爱与慈悲的光辉带到了这个世界。"那场比赛后，乔兹没有再能活到第二个夏天，他在那一年的冬天去世，并因为自己曾经是个英雄能让父母高兴，而快乐地度过了最后的日子。当一个人拥有了一颗爱与慈悲的心灵时，无论是多么艰难的命运都能因此而得到喜悦和幸福，这就是爱与慈悲所赐予的最伟大的力量。

5

容忍是心灵真正伟大的有力证明

北大校长蔡元培极力倡导的"思想自由、兼容并包"的治学理念，就是一种容忍的思想。在这个指导方针下，北大的思想与学术出现百家齐鸣的现象。那时北大的教学情况，在史学方面有信古派的黄侃与陈汉章，也有疑古派的胡适。而且在那个年头，胡适上课时总是西装革履、洋气十足；而辜鸿铭上课时则身穿长袍，拖着长辫子，手持旱烟袋，还有仆人候在一旁为之点烟、斟茶。如果说"思想自由，兼容并包"确立了北大海纳百川的品质，那么北大的综合、多元的学科结构则强化了这一精神品质。在当时，北大可以说是全国最好的大学，但是没有一个院系敢说自己是北大最好的院系，这充分体现了北大发展的协调性与平衡性。北大的院系之间，师生之间均是采用互相尊重、互相包容的态度，这也是北大精神与文化延续至今的表现。

胡适先生曾说过："容忍是一切自由的根本：没有容忍，就没有自由。"人类的本性总是喜同而恶异的，人们总是厌恶与自己有不同思想、行为与信仰的人，这一切就是不容忍的根源。当然，没有原则地容忍也是不恰当的，对于缺乏良知的行为，人们应该坚决反对。毋庸置疑，宽容的胸怀是人们最难得的品质。1993 年，世界宗教大会从各国的文化中找到了一条最基本的共识就是："己所不欲，勿施于人。"这条原则就体现了人们追求互相尊重，互相容让的精神。

1874 年 11 月 30 日，一群男女正在伦敦的布伦海姆宫里翻翻起舞。这时，一位贵族孕妇连声叫痛，周围的人赶紧将她带到就近的休息室中。不一会儿，一个早产儿——温斯顿·丘吉尔就这样不同寻常地来到了世上。

丘吉尔是英国显赫的贵族公爵后代。在英国，除了王室以外，公爵家庭总共不到 20 个，丘吉尔的家族按封爵次序排在第十名。丘吉尔的母亲詹妮是百万富翁的女儿，在 1873 年与丘吉尔的父亲结婚。后来，丘吉尔的父亲因病去世。而这时的詹妮虽然已经年过四十，但依然美艳动人。不久后，詹妮想要嫁给一个只有 25 岁的男人。此消息一传出，立即遭到亲友们的反对。就在詹妮决定放弃自己的想法时，与母亲要嫁之人同是 25 岁的丘吉尔，握住母亲的手说："亲爱的妈妈，就算所有人都反对你，我也会站在您这边，所以您一定要勇敢。"儿子鼓励的目光让詹妮勇敢地实现了自己的心愿。但是，詹妮的这段婚姻很快就夭折了。一晃十年过去了，丘吉尔已经凭借自己的能力在政坛崭露头角。而这时，已经 60 岁的詹妮又迎来第三次婚礼，这次同样遭到所有人的反对，尤其是儿子政坛上的反对者们。詹妮犹豫了，因为这次与上次不同，丘吉尔从小就胸怀壮志，有着伟大的理想，詹妮不想因为自己而破坏儿子的前程。但是，令她感到意外的是，丘吉尔又一次握住了母亲的手说："如果让我在您的幸福与仕途之间做选择，我宁愿选择前者。希望您不要有所顾忌，只有您幸福，我才能幸福。"詹妮又开心地踏进了婚姻的殿堂。婚礼上，丘吉尔站在母亲的身旁，而另一旁则是比自己还要年轻的新郎。

面对政坛的压力，丘吉尔两次接受与自己年龄相仿的继父，这需要多么宽广的胸襟。1908 年 8 月 15 日，33 岁的内阁大臣丘吉尔与 23 岁的克莱门蒂娜霍齐娅小姐订婚。婚礼的当天，高朋满堂，欢歌笑语。证婚人是财政大臣劳合·乔治，而丘吉尔选择的男傧相却是自己的反对者修塞西尔勋爵。当时，丘吉尔实行一系列拥护工人的政策改革，而包括修塞西尔勋爵在内的贵族们坚决反对这些改革。这种情况反映了英国政治社会的特点：政客们在政治大会上可以相互咒骂，如同仇敌，在日常的生活中却依然能够成为朋友。他们在政治上虽然持有不同见地，但是并不妨碍他们在生活中称兄道弟。

容忍就是人们对他人权利的尊重，虽然不赞成对方的观点，但是也要坚决地捍卫对方发表观点的权利；虽然不支持对方的行动，但是也要坚决维护对方行动的自由。容忍是一个人心灵最伟大的表现。容忍他人，其实就是解放自己的心灵。只有在容忍的行为中，人们才能奏出最和谐的生命之歌。自己快乐并不是真正的快乐，只有能与他人分享的快乐才是人生真正的快乐。因为分享本身就是一种快乐，一种心灵上的真正快乐。

从前，一个买布的与卖布的小贩发生了争吵："三七二十，你为什么收我二十一文钱？"孔子的徒弟颜回听见了，连忙上前劝说买布人错了。买布人不服，拉着颜回找孔子说理去，还说如果错了就将脑袋砍掉送给颜回，颜回输了就替他出那买布的钱。孔子对颜回说："三七就是二十啊！"然后，那人得意地拿了买布的钱走了。孔子说："你错了，只输了几文钱，而他错了，那可是一条命啊！"这就是容忍的伟大，孔子之所以在是非的判断上能高出常人，就是在于他拥有一颗对待无知者所表现出来的容忍。容忍就是对他人错误的谅解，对他人人格的尊重。如果有一天，买布的人知道孔子故意让他使他保留了一条命的话，那么他的灵魂是否会得到感化呢？

6

伟大的人有两颗心：一颗心流血，一颗心宽容

北大是"五四"的发源地，也是中国教育的最高学府。宽容是北大精神的内核，北大人所传承下来的最重要的品质也是对他人的宽容。北大之所以能够培养出很多优秀的人物，与其所发扬的宽容精神是分不开的。宽容的精神使北大能够保持创造力与活力，从而成就了今天的北大。

黎巴嫩作家纪伯伦曾经说过："一个伟大的人有两颗心，一颗心流血，一颗心宽容。"中国从古至今就具有宽容的传统。清代时有一名叫张英的大学士，他的哥哥在家乡因为与邻居争三尺墙闹起矛盾，张英回信给求救的哥哥说："千里修书只为墙，让他三尺又何妨。万里长城今犹在，不见当年秦始皇。"他的哥哥看完信后，羞愧不已，于是向后让了三尺，没过几天，家书的内容也被邻居获知了，对方也羞愧不已。于是，邻居也向后退让了三尺，成就了一段"六尺巷"的美谈。

忍让可以感化无知者，宽容可以消解仇恨。宽容他人表面上好像损失了一些东西，但是得到的是宽阔的胸襟与心灵的成长。如果人人都能够对他人抱有宽容之心，世间就没有消除不了的矛盾，也没有化解不掉的仇恨。

莎莉 18 岁时，好不容易找到了一份临时工作。她的母亲欢喜之中又有点担忧，因为莎莉总是粗心大意让人不能放心，而且此时正赶

上经济大萧条时期，找工作十分困难。在珠宝行工作的日子里，莎莉拼命地工作，几天后得到了领导的赞扬，被破例调到了二楼。二楼是珠宝行的心脏，这里专营珍宝与高级饰品。莎莉的工作是负责管理商品，在经理门外帮忙转接电话，而且还要防止珠宝丢失。

圣诞节来临，莎莉心里也忧虑起来。因为节日过后，珠宝行要从莎莉她们几个实习工中挑两个人留下，其他的人都得走。如果莎莉在这期间出现失误的话，就又要恢复以往奔波的日子了。一天，莎莉听到经理对领班说："那个小管理员挺不错的，做事认真勤快！"领班回答说："是的，那姑娘表现很好，我正准备留下她呢！"这天，莎莉在回家的路上高兴地跳了一路。

第二天，莎莉冒着雨赶到了店里。距圣诞节只有两天的时间了，全部的试用员工都绷紧了神经。莎莉在整理戒指的时候，发现那边柜台前站着一个30岁左右的高个子男人，这个男人看上去很有修养，但是他的面部表情让人吃惊，脸上布满了悲伤、迷茫与愤怒，身上剪裁得体的法兰绒套装已经褴褛不堪，很明显他是一个遭受失业打击的人。只见他用近乎绝望的眼神，盯着这些珠宝，莎莉的心因为同情而泛起淡淡悲伤。但是，她还有很多要忙的事情，很快就把他忘了。一会儿，有电话打来，莎莉要到柜台里去取珠宝。当她匆忙地从柜台里挤出来时，不小心碰落了碟子，六枚精美绝伦的钻石戒指散落到地上。这时，领班不安地走出来，并没有发火，他知道莎莉这天一直在辛苦地干活，只是说："赶快捡起来！"莎莉马上用近乎狂奔的速度捡回了5枚戒指，却怎么也没找到第6枚。她想，可能是滚到了柜台底下了，于是弯下腰仔细地搜寻。没有！当莎莉抬起头时，看见那个高个子男人正要出门，顿时，她猜到戒指在哪里了。当那个男人即将触及门把手开门时，莎莉喊了一声："对不起，先生！"那个男人转过身来，在漫长的一分钟里，两个人无言以对。莎莉的心狂跳不止，她知道自己的命运掌握在这个男人手里，她知道他进店并不是想偷什么东西，或许只是为了感受一下美好的氛围。莎莉知道苦寻工作却没有结果的感受。而且她也能想象到这个男人是以怎样的心情看这个社会：一些人在这里买奢侈品，而他一家人却不能温饱。

"什么事？"那个男人终于开口说话了，而且他的面部表情极不自然。莎莉内心狂跳不止，她不知道该如何开口。"什么事？"他再次问道。突然，莎莉知道该怎么回答了。母亲曾经说过，多数人都是善良的，当别人犯错的时候，一定要给别人一次改过的机会。"这是我的第一份工作，现在找工作很难，是不是？"莎莉说。那个男人凝视了莎莉好长的时间，慢慢地，一丝微笑从他脸上浮现出来，并说："是的，的确如此。我能肯定，你会在这里干得很好的，我能为你祝福吗？"他伸出手与莎莉相握，莎莉低声说："也祝你好运！"男人推开门走了，他的背影消失在浓雾里，莎莉转身回到柜台，将手中的第6枚戒指放回了原处。莎莉的眼睛有点湿润，她默默祈祷："上帝，让大家都好起来吧。"

理解与宽容最能够打动人心，善良的莎莉用最好的方法解决了问题。如果莎莉当时大吵大嚷然后报警，结果真的不能想象。宽容其实也需要技巧，给他人一次机会并不是纵容，也不是为对方开脱。宽容就是能设身处地地为对方着想，懂得站在对方的角度看待事情，这样就会使自己得出更客观的观点。如果每个人都能宽容待人，生活肯定会变得十分美好，到处充满和睦融洽。

有一次，楚庄王因为打赢了一仗，心情非常畅快，于是在宫中设宴招待群臣，宫中热闹非凡。楚王兴致很高，还让最宠爱的妃子许姬替群臣斟酒助兴。突然，一阵大风刮来，宫宴上的所有蜡烛都被吹灭，宫中顿时一片漆黑。黑暗中，有人趁机扯住许姬的衣服，想要调戏她。许姬顺手拔下此人的帽缨，并奋力挣脱离开。之后，许姬来到楚庄王的身边说："有人想趁黑调戏妾身，我顺手扯下了他的帽缨，请大王吩咐点灯，看谁没有帽缨就处置他。"

这时，庄王说："且慢！今天我请大家来喝酒，酒后失礼是常有的事，不宜怪罪。再说，众位将士为国效力，我怎么能为了显示你的贞洁而辱没我的将士呢？"说完，庄王不动声色地对众人喊道："各位，今天寡人请大家喝酒，大家一定要尽兴，请大家都把帽缨拔掉，不拔掉帽缨不足以尽欢！"于是，群臣都拔掉自己的帽缨，庄王再命人重新点亮蜡烛，宫中一片欢笑，众人尽欢而散。

三年后，晋国侵犯楚国，楚庄王亲自带兵迎战。交战中，庄王发现自己军中有一员将官总是奋不顾身，冲杀在前，所向无敌。众将士也在他的影响和带动下，奋勇杀敌，斗志高昂。这次交战，晋军大败，楚军大胜回朝。

战后，楚庄王把那位将官找来，问他："寡人见你此次战斗奋勇异常，寡人平日好像并未优待于你，你为什么如此冒死奋战呢？"那将官跪在庄王阶前，低着头回答说："三年前，臣在大王宫中酒后失礼，本该处死，可是大王不仅没有追究、问罪，反而还设法保全我的面子。臣深深感动，对大王的恩德牢记在心。从那时起，我就时刻准备用自己的生命来报答大王的恩德。这次上战场，正是我立功报恩的机会，所以我才不惜生命，奋勇杀敌。即使战死疆场，也在所不辞。"

楚庄王正是因为在那场宴会中选择了宽容保住了那位将领的面子，才有了之后将领的奋勇杀敌。可见，宽容他人其实就是宽容自己。如果人们能够对别人多一点宽容，生命中就会多一些空间。宽容是人与人之间的互相关爱与支持，有了它才不会寂寞与孤独，有了它生活中才会少一些挫折多一些温暖与希望。

宽容的心灵是每个人生命中的一片晴天。宽容是一种潇洒的态度，是一种坚强，而并非是软弱。宽容是以退为进，并不是简单的退让，它的主动权掌握在自己手中。宽容的最高境界是对众生的怜悯，马克·吐温曾经说过："紫罗兰把它的香气留在那踩扁了它的脚踝上。这就是宽容。"

7

正义与勇气是心灵不可抗拒的诱惑力

北大是人类正义与勇气的结晶，如果没有正义与勇气，北大也不会存在。可以说，北大是幸运的，它从诞生起，就开始接受着正义与勇气的洗礼。正义与勇气是一种向上的力量，从根本上来说，正义与勇气是一切生命的向往，也是所有生命存在的希望。

在北大担任过图书馆主任的李大钊先生曾经说过："正义与勇气胜似法律。"的确，法律其实只是维护正义与勇气的工具，如果没有正义与勇气，法律又怎会存在？正义与勇气是建设社会与安定社会的无形力量。如果一个人缺乏正义与勇气，即使没有犯过任何错误，仅仅是"独善其身"，也是一种放纵恶势力的表现。人活着不仅不要做坏事，而且要做有益于他人的事，这才是生命价值的最高体现。

《勇敢的心》是1995年上映的影片，当时影坛几乎全被这部影片占领。这部电影是导演梅尔·吉布森根据苏格兰民族英雄的事迹所改编，梅尔·吉布森不仅是该片的导演，还是主演与制片人。这是一部充满了正义、勇气与热情的历史巨片，故事的主人公威廉·华莱士的内心充满正义与勇敢，震撼了全世界的人们。

1272年，威廉·华莱士出生于艾尔德斯莱，父亲是苏格兰农民，叔叔是教区的神父。当时，苏格兰国王约翰·巴里奥尔实行暴政，民心难容，全国各地不断出现暴动事件。巴里奥尔眼看大势已去，于是将君权奉送英国，依仗于爱德华之下。英国国王"长腿"爱德华一世接手苏格兰后，更是以残暴的手段压迫人民。苏格兰人民不但要忍受高额的税收，而且还受到人格上的侮辱，比如，苏格兰所有新娘的初夜权都属于英格兰总督。这些暴行迫使一些苏格兰人起义与英国人作战。

威廉·华莱士的父亲秘密地组织了一个反抗队伍，带领着一群人奋勇征战，打击英国侵略者。不久后，华莱士的父亲就被英国人害死了。父亲葬礼后，华莱士随着叔叔离开了家乡，告别了这个恐怖的地方。在叔叔的抚养下，华莱士长成一个英俊的青年，不仅学了很多知识，而且还学了很多武术。多年后，他回到了家乡，再次见到了童年的伙伴，他与邻家的女孩莫伦相爱了，在雨天的高原上，他们骑马漫步，所有一切都是那么美好。为了躲避英王颁布的女子初夜权的不平等待遇，华莱士与莫伦秘密结婚并希望能够过上安定的生活。但是，英国人的暴行从未停止过，他们到处肆虐危害苏格兰人。在英军的一次袭击中，莫伦因英国军官非礼而奋力反抗，最后被英军割断了喉咙。失去妻子的华莱士揭竿起义与村民组成了军队，并号召所有的义士共同反抗英军。他们袭击投靠英国的苏格兰贵族，将其城堡烧毁。不久，华莱士的英勇行为迅速传开，越来越多的苏格兰人加入起义队伍。华莱士的军队先后赢得了多场战役，其中斯特林格桥之役突破了步兵胜不了骑兵的观念并占领了英国重要的城市约克城。爱德华觉察到事态变得严重，便亲自率领军队对付华莱士。

这时，苏格兰贵族罗伯特想成为苏格兰领主，在父亲的教唆下假意与华莱士联合对抗前来进攻的爱德华。后来，华莱士与英军在福柯克交战时，遭到了苏格兰贵族的背叛，最后战败。战败后，华莱士开始采取游击战术对抗英军，并对背叛的苏格兰贵族进行报复。同时，爱德华国王为了缓和局势，又派妻子伊莎贝拉与华莱士讲和。由于爱德华只是想收买华莱士，而并未考虑苏格兰人民的境遇，所以遭到了华莱士的拒绝。其实，伊莎贝拉早就被华莱士的正义与勇气所吸引，她不断协助华莱士抵抗危险。后来，苏格兰贵族罗伯特又要求与华莱士会面（此时的罗伯特已经被华莱士的正义与勇敢所感化），华莱士相信罗伯特会独自赴约，谁知被罗伯特的父亲算计，华莱士因此被捕，而罗伯特也因此与父亲决裂。

华莱士被捕后，受到英国政府的审判，只要华莱士承认叛国罪就可以赦免死罪。但是，华莱士表明自己绝不效忠于英格兰政府。在审判场上，华莱士虽然遭受各种酷刑，但仍不屈服，围观的英国民众也被他的勇气所折服，纷纷要求审判长开恩。最后，华莱士的心被人挖出，可他还是用尽了自己的最后一口气大喊："自由！"华莱士死后，身体被切成几部分，头颅挂在伦敦桥上，四肢也被挂在英国的4个角落，以此来警告想要反抗的人。

华莱士生前这样鼓励自己的军队："每个人都会死去，但并不是每个人都真正活过。是的，战争可能会让人死去，逃跑可能还可以多活一会儿。但是年复一年，直到老去，你们觉得如何？用这些苟活的日子，不如换一个机会，告诉我们的敌人，他们可以夺去我们的生命，但是永远夺不走我们的自由！"

华莱士虽然不在了，但是他舍生取义的故事传遍了整个苏格兰，他临死时的正义与勇气令所有苏格兰人骄傲。虽然他不在了，但是他的勇气留给了他的同伴们。之后，罗伯特接手了华莱士的军队，并且宣称向英军求和，这令所有苏格兰人不解。在臣服仪式上，罗伯特望着英格兰的将领以及他们的军队，然后又看了看自己的军队。这时，有一个苏格兰贵族靠近他，不耐烦地说道："快点！仪式马上就要开始了！"罗伯特小心地将手帕揣到了怀里，然后深吸一口气，拔出长剑，回头向着自己的队伍喊道："你们以前与华莱士一起流血！现在，请跟我一起流血吧！"

在场的所有苏格兰人都振奋了，他们铺天盖地地喊着："华莱士！华莱士！"他们大喊着冲向已经目瞪口呆的英国军队。1314年，苏格兰军队在白纳克班击败了英国军队，为自己赢得了自由与胜利。

　　这就是一颗正义、勇敢的心所具有的力量，这种力量可以吸引千万人的目光，可以带领众多的人奔向自由。这种正义与勇气不畏权势，不畏任何艰险，是一种永恒的能量，只要它存在过，就会被人们永远地传递下去。正义与勇气是一个人的灵魂，对所有人的心灵有着无法抵抗的吸引力。

第六章

【事业正能量】
北大教你以出世的精神做入世的事情

正能量是一种积极、健康、向上的动力和情感，拥有正能量是成就事业必要的前提条件。邓稼先也曾说："一不为名，二不为利，但工作目标要奔世界先进水平。未来工作是一项崇高的事业，做好这件事，我这一生就过得很有意义，就是为它死了也值得，研制核武器是中国人民的利益所在，国外对我们封锁，专家也撤走了，现在只有靠我们自己了……"正是因为有了邓稼先这样的科学工作者，国家的国防事业才有了快速进步。纵观历史长河中在事业上取得成就之人，都是因为有明确的人生目标，才能在实现目标的过程中，不惧怕挫折，越挫越勇。在不断奋斗的过程中，体会人生真正的快乐。孔子说："举而措之天下之民，为之事业"。也就是说，用自己一点点力量，为天下之民谋福利的，才叫事业。一个人的目标越远大，则能量的提升越大，在事业上取得的成就越大。当他面临挑战的时候，因为心中有梦想，才能积极思考、寻找解决问题的途径，然后，再次充满激情地投入到工作中去。

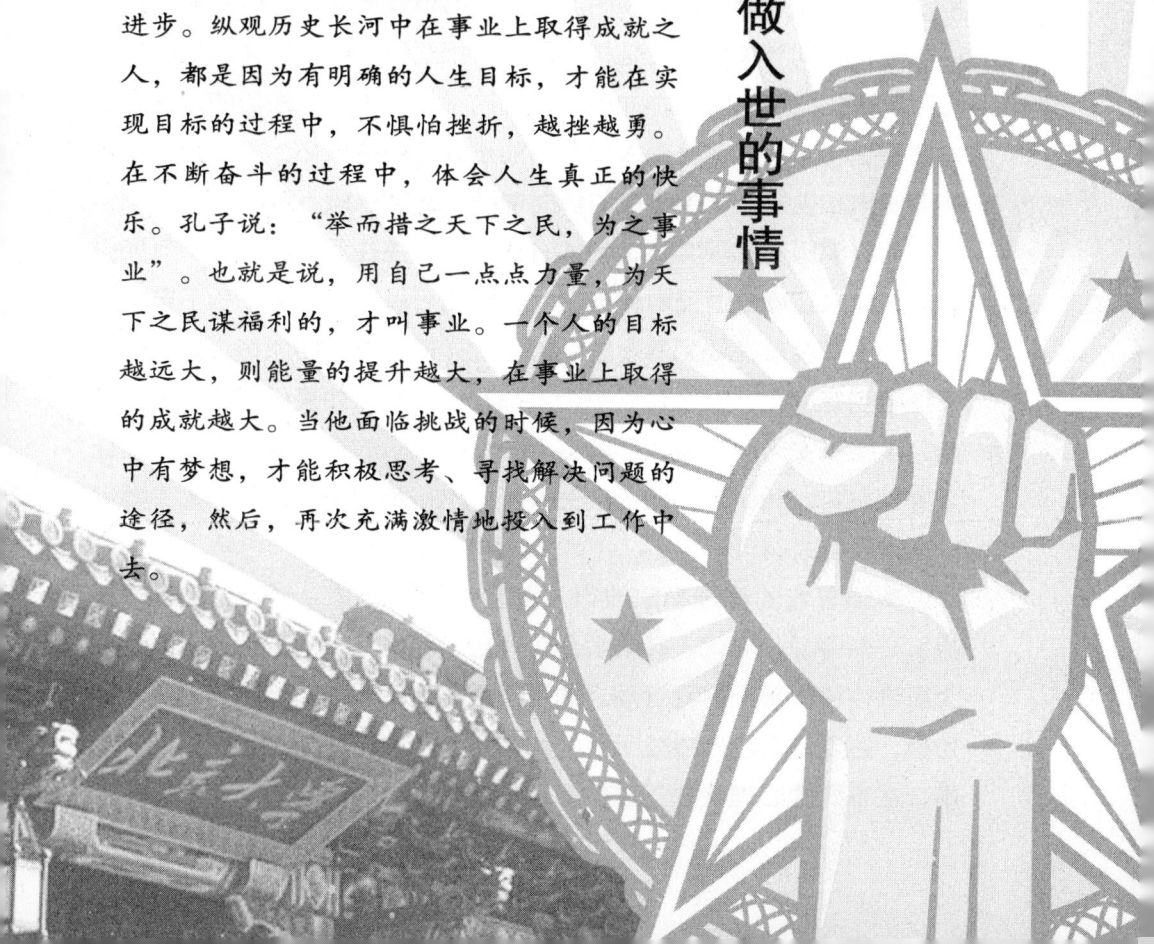

1

可怕的不是事业失意，而是内心失控

人生充满了戏剧性，看似陷入绝境，但往往能够峰回路转；看似前景光明，却又随时可能碰到暗礁。在生活中，没有几个人不会经历事业的起落波折而一帆风顺的。其实，当事业遭遇失意的时候，也不必气馁，胜利与失败往往是相互依存、相互转化的。"失败是成功之母"，事业失意的时候，如果只是把这看作一种必然经历的过程，心态便会平和。反之，一个人如果不能正确对待这样必然的过程，就可能会使内心失控，产生不良的负面情绪，甚至一蹶不振。

而纵观历史和现实中，但凡有成就的人往往都心胸博大、气度恢弘。这些人在事业遭受阻碍失意时，往往可以泰然面对。松下电器的总经理山下俊彦在谈到事业失意时是这样说的："要使每个人在松下工作感到有意义，就必须让每个人都有艰难感。如果仅仅工作不出差错，平平安安无所事事，那就毫无意义。艰难的工作容易失败，但让人感到充实。我认为即使工作失败了，也不算白交学费。因为失败可以激发人们去奋斗。"

美国著名的管理学家彼得·德鲁克在他的《二十一世纪管理挑战》一书中说，现代人必须学会管理自己的情绪。他认为自古以来成大事者往往都善于自我管理。这不仅需要人们为自己设定合理的奋斗目标，还要使自己始终处于良好的精神状态中，保持高效率。同一件事，在不同的心理状态下去做，效果完全不同，人在心态极不平衡的状态下，心情烦躁，因此很难集中精力将事情做好。心理学研究认为积极的情绪可以提高人的肌体免疫力，能够促进人的活动，形成一种动力激励人去努力。而消极情绪会消耗人的体力和精力，使人萎靡不振，甚至会患上严重的抑郁症，影响工作和生活。所以，人们应当善于管理自己的情绪，哪怕事业失败，人生遭受大的挫折，都要学会积极地思考，辩证地去看待眼前的遭遇。

从辨证的角度去分析，胜利和失败、福与祸是相辅相依的。而在出现不同的情况下，人们对此的心理反映差别却是很大的。有的人趋向积极的思维方式，产生兴奋和动力，有些人则反之，诱生痛苦和忧愁。两种心态和情绪，产生的结果自然也是完全不同的。积极面对遭遇挫折的人，会在坚持和奋斗中获得重生的机会，获得事业和人格境界的双重提升；而情绪失控的人也许永远一蹶不振了，从而真的改变了人生轨迹。所以说，一个人越是在遭遇失意的时候，越要掌控住自己的情绪，让内心的正能量支撑自己的信念，从而克服一切困难，走出人生的沼泽地。

心理学家简·特纳说："没有失败，只有信息的反馈。"玛丽·劳尔·可罗娜认为："还有很多时候，是失败打开了通向心灵的真正的渴望之路。"

《生如夏花》的创作者和演唱者朴树，从小在北大校园里长大，家庭条件优越，从小学到中学一直是备受肯定的好孩子。朴树大学时学的专业是外语，但他越来越不喜欢，觉得人生之路走错了。他说他的苦闷日益加重，变得懒散而低落。然后，他开始逃学、旷课，整天拿着一把吉他在校园里乱晃。大二的时候，又学会了喝酒，常常一个人坐在未名湖畔的椅子上，看着湖水发呆。可想而知，他的成绩一路下滑。后来，退学了。

退学在家的日子可以用"暗无天日"来形容。父母更是忧心如焚。以他们的身份，朴树的表现与他们的期望差得实在是太远了。虽然朴树也写歌，但没人欣赏，又不敢伸手跟家里要钱，日子过得特别辛苦。对于自己从一个天之骄子落魄成一个困顿的无业游民，朴树感到非常痛苦。

一个偶然的机会，朴树看到了母亲插队时的日记，里面谈到了她与父亲的爱情，十分动人。朴树仿佛看到了燃烧在父母那一代人心中的激情的火焰。他们对爱的忠诚，对事业充满奉献的精神，那种强烈的理想主义色彩瞬间击中了朴树，他的创作灵感像火山一样爆发，脑海里飘来了几句旋律，于是，他连忙用笔将它们记录下来。之后，他开始了埋头创作，终于写出了《白桦林》。也是这首歌曲，让大家认识了这位质朴、脱俗、如精灵一般的歌手。之后，他认识了音乐人高晓松，签约"麦田音乐"，开始走上专业歌手的道路。

朴树说："有些人说，是我音乐中的忧郁气质吸引了大批歌迷。其实，这种忧郁的气质并不是我故弄玄虚。那种脆弱得近乎崩溃的气息就是我真实的青春印记，现在却成了我不可替代的音乐符号。感谢这些惨痛，这些失败。"

有人说，成功不是给所有付出者准备的蛋糕，现实往往就是这样出乎人们的意料。在遭遇事业失意的时候，最重要的是如何看待其中的信息，但这个过程往往要超越巨大的情绪障碍。这个时候，不要进行外部归因，而应该自己承担起责任，这才是下一步积极对策的开始。

总而言之，用正能量驱赶走不良的情绪，是失意时最应该做的事。

2

教授的告诫：一定要将自己的长处经营成事业

每个人都有自己的优点和长处，一个善于经营自己长处的人，往往更容易获得事业上的成功。北大光华管理学院何志毅教授曾经说过："一定要将自己的长处经营成事业。"

一位年轻人到巴黎去找父亲的一位挚友，期望他能够帮助自己找到一份工作，聊以糊口。

父亲的朋友问他："你的数学怎样？"年轻人羞涩地摇摇头。"历史、地理知识呢？"年轻人露出一脸尴尬，再次摇了摇头。"那你有什么优点？"朋友的父亲接着问年轻人。年轻人依然摇头，并现出绝望的神色。"那你先把自己的住址写下来吧，我总得帮你找份工作啊！"

年轻人羞愧不安地写下了自己的住址，急忙转身要走。这时，父亲的朋友一把拉住他说："年轻人，你的字写得很漂亮嘛，这就是你的优点啊！"

"字写得好也算优点吗？"年轻人不相信似的问。"当然，能把字写得让人称赞，就能把文章写好！"

父亲朋友的一句话，给了年轻人很大鼓励。在这之后，他一点点地放大自己的优点，数年后写出了享誉世界文坛的经典作品，他就是19世纪法国浪漫主义文学代表大师大仲马。大仲马从把字写得漂亮出发，一点点放大自己的优点，最终成为了享誉世界的大作家。

美国作家马克·吐温也有过从商的失败经历，第一次他从事打字机的投资，因为受人欺骗，赔了很多钱。后来办出版公司，因为是外行，不懂经营，又赔了钱。两次经商经历不仅让他赔掉了自己多年心血换来的稿费，还欠了许多外债。马克·吐温的妻子奥利姬深知丈夫没有经商才能，却在文学上有天赋，便鼓励马克·吐温振作精神，重新开始文学创作之路。在妻子的鼓励下，马克·吐温很快摆脱了失败的沮丧和痛苦，勤奋笔耕，在文学创作上取得了辉煌的成就。

国际成功学讲师、中国台湾的余正昭先生在介绍成功之道时说："成功最重要的一点是找到你的方向。但凡成功者，其成功的关键都是掌握了自身的优势，并加倍强化这种优势，完全投入到自己所喜爱的项目之中，将这种富有特长的兴趣爱好发挥到极致。"而从大仲马和马克·吐温的人生经历看，他们就是找对了自身的发展方向，也就是将自己的长处经营成自己的事业，从而获得了成功。

一些学者通过研究发现，人类有 400 多种优势。这些优势本身的数量并不重要，最重要的是一个人应该知道自己的优势是什么，然后将自己的生活、工作和事业发展都建立在优势之上。也许有人会说："只要功夫深，铁杵磨成针。"而事实未必如此。要想成功必须懂得扬长避短，尽管人类历史和当今社会上的成功者路径各不相同，但都有一个共同点，就是发挥自己的优点，避开自己的缺点。虽然大多数人认为要强调弥补缺点，纠正不足，让自己学到更多的知识和技能，但事实上，当人们把精力和时间用于弥补缺点时，就无暇顾及增强和发挥自己的优势了。更何况，个人的专能比自身的欠缺也少得多，而大部分的欠缺是无法弥补的。

世生万物，各有所长。鸟因为有翅膀而翱翔天空，鱼因为善水而遨游江海，它们依靠自己的特长，在竞争中占得一席之位，成为万物中不可替代的成员。同样，人也应当懂得经营自己的长处，因为经营自己的长处，可以让你增值，而经营自己的短处只能使自己遭遇贬值。在人生的坐标系里，如果一个人站错了位置，用他的短处来谋生的话，那是很可悲、可怕的事情，他可能会在永久的卑微和失意中沉沦。富兰克林说："宝贝放错了地方就是废物。"而如果一个人知道自己的长处是什么，将自己的"宝贝"放对了地方，善于去发挥它，则会是另一番作为。

女作家三毛生前足迹遍及世界各地，她的作品也在全球广为流传，译作和著作十分丰富。幼年时期的三毛就表现出对书本的爱好，五年级下学期第一次看《红楼梦》，初中时期几乎看遍了世界名著。在父母悉心教导下，她在诗词古文、英文方面，打下了坚实的基础。

16 岁的时候，三毛师从顾福生学习油画。在三年的学习中，顾福生对三毛有所了解，深知她没有绘画的天赋，但在文学上则是一块不可多得的璞玉。于是，在顾福生的引导下，三毛走上了文学创作的道路。17 岁的时候，三毛就在顾福生的鼓励下，发表了作品。之后，又发表了不少小说、散文，成为了一个著名的作家。

作为一个女性作家，三毛的作品具有浓厚的抒情色彩，三毛的文字充满着浓烈的感情，温暖亲切、极具女性的温婉细腻。三毛一生遭遇过许多生离死别，她是不幸的；但她遇到了恩师顾福生，又是幸运的。因为是他告诉了三毛本身具有的长处，使她在很早的时候就找到了奋斗的方向，继而成就了日后事业上的辉煌，成为人们喜爱的作家。

有人曾向微软创始人比尔·盖茨请教事业成功的秘诀，他说："做你所爱，爱你所做。"比尔·盖茨所谓的所爱和所做与一个人具有某一方面的优点是分不开的。但凡成功的人士，几乎都是利用自身的专业优势和特长取得了巨大成功。

当然，有很多人并不是很快就会发现自己的所长，所以，总是找不准人生的方向。因此，当人们事业之路不顺的时候，不妨冷静地想一想，自己是否选错了方向？是否将自己的优势充分地发挥了出来？这样的思索，会让自己更加清醒地认识目前身处困境的原因，从而不至于被一些负面情绪侵袭，这样才能积极乐观地重新开始，将自己的长处用到开拓事业中去，赢得成功的机会。

3

北大人如何以出世的精神做入世的事业

北大教授朱光潜曾说过："以出世精神做入世的事业"。人确实要处理好出世和入世的关系，用辩证的观点来看待这个问题，才能得出正确的答案。现实生活中，如果一个人入世太深，慢慢地就会陷入繁琐的生活末节之中，把实际利益看得太重，难以超脱出来，这样必会影响对问题的全面、冷静、客观的观察和处理，也很难有大作为。如果有一些出世的精神，就会更尊重生命和客观规律，能够不斤斤计较，懂得顺其自然，以平和的心态对待人和事，这样会看得更远一些。因为此时人们心中的杂念少，更能专注于某项研究、某一份事业，因此能够取得更高的成就。

出世未必归隐山林，正所谓：大隐隐于市，小隐隐于野。

无相禅师在行脚时途中口渴，路遇一名青年在池塘里踩水车，便走过去向年轻人要了一杯水喝。年轻人看着禅师不无羡慕地说："如果有一天我看破红尘，也要学您这样出家学道。不过我出家后，不想像您这样去行脚，而是会找一个地方隐居，好好参禅打坐，不再抛头露面。"

禅师笑了笑说："那你什么时候看破红尘呢？"

年轻人说："我们这一带只有我最了解水车的性质了，全村人都以此为主要生活水源，如果可以找到一个接替我照顾水车的人，到那时没有责任的牵绊，我就可以找自己的出路，看破红尘出家了。"

禅师说："你最了解水车，请告诉我，如果水车全部浸在水里，或完全离开水面会怎么样？"

年轻人答道："水车全部浸在水里，不但无法转动，甚至会被激流冲走；但如果完全离开水面又车不上水来。"

禅师说："水车与水流的关系已经说明了个人与世间的关系：如果一个人完全入世，纵身江湖，难免会被五欲红尘的潮流冲走；而倘若纯然出世，自命清高，则人生必是漂浮无根，空转不前的。"

年轻人听了禅师的一番话，内心豁然开朗，欢喜不已地说："禅师的一席话，真的是让我长了见识。"

这个故事很好地诠释了"以出世的精神做入世的事业"的境界。

钱钟书被称为"民国第一才子"，他健谈善辩，隽思妙语，常常令人捧腹。他的健谈雄辩大有孟子、韩愈之风，在中国社会科学院几乎无人不晓。其著作《围城》的幽默更是中国现代小说中首屈一指的。

《围城》中就有这样一段幽默的话："学国文的人出洋'深造'，听起来有些滑稽。事实上，惟有学中国文学的人非到外国留学不可。因为一切其他科目像数学、物理、哲学、心理、经济、法律等等都是从外国灌输进来的，早已洋气扑鼻；只有国文是国货土产，还需要外国招牌，方可维持地位，正好像中国官吏、商人在该国剥削来的钱要换外汇，才能保持国币的原来价值。"

可以说，钱先生的机智幽默几乎无处不在。1991 年，全国十八家省级电视台联合拍摄《中国当代文化名人录》，要拍钱钟书，被他婉言拒绝，别人告诉他会给他钱作为酬谢的，他淡淡一笑说："我都姓了一辈子'钱'了，还会迷信这东西吗？"

20 世纪 60 年代后的学术界，对钱钟书的文学称颂日渐声高，但钱钟书先生不为所动，一如从前的平静安详。他谢绝一切记者和学者的见面，曾经有人认为他"自命清高"。对钱钟书先生甚为了解的杨绛女士却说："他从不把自己侧身大师之列，他只是想安安心心，低调地做学问。"钱钟书先生的治学特点是贯通中西，融汇多种学科知识，探幽入微，钩玄提要，在当代学术界自成一家。钱钟书先生致力于人文社会科学研究，淡泊名利，甘愿寂寞，为国家和民族做出了卓越贡献。

中央电视台有一个颇受大众欢迎的栏目名叫《东方之子》，它曾是许多人向往的一展"风采"的平台。这个栏目组的制作人员试图采访钱钟书先生时，却遭到了他坚决的拒绝。美国一所著名的大学想邀请他去讲学，时间是半年，两周讲一次，一次40分钟，一共是8个小时的时间，而所给的报酬是16万美元。对此，钱钟书先生丝毫没被打动，同样拒绝了。曾有人在巴黎的《世界报》上著文称："中国有资格荣获诺贝尔文学奖的，非钱钟书莫属。"对此，钱钟书先生不但不认同，反而在《光明日报》上称倘若这样做他反倒质疑诺贝尔文学奖的公正性了。

钱先生可谓是以出世的精神做入世的事业，他不为钱动，不为名动，毕生致力于文学创作和文学研究，取得卓越成就，对中国新文化的建设，特别是在科学地扬弃中国传统文化和有选择地借鉴外来文化方面，具有重要的启示意义。

法国前总统雅克·希拉克曾在致钱先生逝世的唁电中说道："他将以他的自由创作、审慎思想和全球意识铭记在文化历史中，并成为对未来世代的灵感源泉。"

出世、入世，既是一个哲学命题，也是一个具体到个人心态的简单问题，以出世的精神做入世的事业，是不为尘世的名利羁绊，为所处的社会，尽己之力之能。每个人都希望自己事业有成，方不虚度此生。如果在追求事业发展的过程中，将这样一份具有正能量的"以出世的精神做入世的事业"的态度，作为前行的引导，相信苦不谓"苦"。

4

格局有多大，事业就有多大

　　成就一番事业，可以说几乎是每个正常人的梦想。而成就怎样的事业，这不仅只需要个人的奋斗，还要看一个人的格局有多大。人生需要格局，需要以长远的、发展的、大局的、战略的眼光看问题。同时，格局决定规划，规划决定着结局。因此，一个人的格局决定着他所成就的事业有多大。人生就像下围棋，有的人下棋一目一目地算计，有的人则不同，而是从全局布局，格局大了，即使是失掉一块，也照样能在别的地方赢回来，人生亦是如此。着眼于大山，就会获得整片森林；着眼于土丘，最终可能只得到几棵树木。

　　北大学子俞敏洪在一次演讲中说，人不能像小草一样活着，而应该像一棵大树。他说："每个人都需要有自己的成长空间，人类的生存有两种方式：一种是像草一样地生存，尽管活着，也一样吸收阳光雨露，但长不大，人们可以踩过你，却不会因为踩到你了而心生怜悯。因为人们的眼中视你为无物。所以，人们一定要像一棵树一样地生长，当长成参天大树后，可以供人乘凉。"

　　2010 年，年仅 26 岁的马克·扎克伯格，被美国《时代》周刊评选为该杂志 2010 年度人物，理由是："他完成了一项此前人类从未尝试过的任务：将全球 5 亿多人口联系在一起，并建立起社交关系。"《时代》周刊认为，如果把 Facebook 联系起来的 5 亿人聚集在一起，人口数量仅次于中国和印度，相当于世界第三大国。

很多人称扎克伯格为"盖茨第二"，因为他的经历与比尔·盖茨有几分相似。但对于这个绰号，扎克伯格似乎并不喜欢。他曾说过："对于前辈比尔·盖茨，我个人相当尊敬，他是 IT 业界的成功典范。如果外界非要给我加上'盖茨第二'的帽子，这是他们的一厢情愿。我为什么要成为比尔·盖茨呢？微软靠的是 Windows 和 Office 发家，而承载我梦想的是互联网。"

扎克伯格于 1984 年 5 月 14 日出生于纽约州一个犹太人家庭，父亲是牙医，母亲是心理医生。10 岁的时候，他得到了第一台电脑，于是，他把大部分时间都用在电脑上。11 岁的时候，父母给他请了软件开发的家教，每周上课一次，家教称他为"神童"。不久之后，他又开始在家附近的大学里旁听计算机研究生课程。12 岁时，他为父亲编制了名为"ZuckNet"的软件，实现了诊所和家的在线即时通信。读高中时，他和朋友一起编写了能记录听众收听习惯的音乐播放软件 Synase，AOL 和微软希望购买这个软件并高薪雇佣他，但都被扎克伯格拒绝了。2002 年秋天，扎克伯格进入哈佛大学学习计算机和心理学。在哈佛的时候，扎克伯格创业项目的最初设计，只是想帮助哈佛在校生根据别人的选课来确定自己的课程表。用户只需在网页上点击一门课程，就可以发现谁在报名选学这门课；点击一个注册的学生姓名，就能看到他选择了哪些课程。可是，扎克伯格和他的朋友们很快发现，这个系统的使用者并不是乖乖地用它来选课，而是更希望通过这个系统知道邻桌的美女同学都选了哪些课，然后跟着选择相同的课程，以此来为自己创造与美女搭讪的机会。

这一发现激发了扎克伯格的灵感：既然大家这样热衷于社交，为什么不建立一个网站来让周围的同学互相认识呢？与同学共同开发了"哈佛连线"之后，扎克伯格开始开发自己的网站，于是有了最初的Facebook。网站一开通就大为轰动，几周之内，哈佛校内一半以上的大学生都注册了会员，并主动提供他们的个人资料，如姓名、住址、兴趣、照片等。学生们利用这个平台掌握朋友的最新动态、和朋友聊天、搜寻新朋友。

2004 年 1 月，扎克伯格支付了 35 美元，在网上注册了名为 The facebook.com 网站一年的域名使用权。截至 2004 年 2 月底，整个哈佛 3/4 的在校生都在 Facebook 注册了账户。随后，注册扩展到所有的常青藤名校，并很快扩展到美国主要的大学校园，而且，包括加拿大在内的整个北美地区的年轻人对这个网站都很青睐。随着越来越多的学校被邀请加入，网站需要大量时间和人力来维护，扎克伯格选择了辍学离开哈佛，成为了全职创业者。

短短数年之间，这一网站就迅速风靡全世界，如今，它已成为世界上最重要的社交网站之一，就连美国总统奥巴马和英国女王伊丽莎白二世等政界要人都成了 Facebook 的用户。从 2006 年 9 月到 2007 年 9 月，这个网站在全美网站中的排名由第 60 名上升至第 7 名，同时也是美国排名第一的照片分享站点。随着用户量增加，Facebook 的目标已经指向另一个领域：互联网搜索。

2012 年 5 月 18 日，Facebook 正式上市。扎克伯格因为这一成功创业成为了世界上最年轻的亿万富翁，同时他也是最积极从事慈善事业的美国富豪之一。

扎克伯格在上市"公开信"中，写了这样一句话："Facebook 创建的目的并非是成为一家公司，而是为了践行一种社会使命，让世界更加开放，联系更加紧密。"扎克伯格之所获得巨大的成功，不只因为有过人的智慧，更因为他有远大的理想，因此，才能让自己一步一步走向事业高峰，并一直向上攀登着。正是拥有"让世界更加开放"这样的人生大格局，扎克伯格才能将自己的事业越做越大，成为世界上最年轻的亿万富翁，同时他还致力于慈善事业，将自己的所得回馈给社会。

胸怀有多大，事业就有多大。人生就像一盘棋，大格局决定着事情的发展方向，即以全方位的视角，从宏观战略高度谋篇布局，大处着眼，小处入手。纵观那些叱咤风云的人物，他们大都站得高，看得远，因而才在事业上大放光芒，取得一番成就。

5

"赌性"与前瞻性，成就一个人的创业梦

许多成功的企业家身上都有一种赌徒气质。赌，分为两层意思，一是赌钱，二是冒风险。赌，对大多数人来说，是一个危险性十足的行为，但是，作为一个创业者，似乎又是不可缺少的心理状态。当然，赌，不仅需要勇气，更要有理性，要有对事物发展判断的智慧。

现在的企业家面临着行业风险、市场风险、政策风险等等，如果没有一点赌徒精神，没有一点冒险意识很难成就自己的创业梦。机会与风险从来都是一对孪生兄弟，机会越大，蕴含的风险也会越大。这时候，就需要企业家有足够的赌性，敢冒风险。很多时候，企业家面对机会，之所以会犹豫，不是没有商业直觉，而是在机会的风险面前却步。他们在做出投资决策时，往往会考虑到自己所拥有的资源、企业的实力、投资的成本、投资的收益率、投资风险以及投资的回收期等，但因考虑过多，从而失去了最佳的投资机会。

判断商机比较容易，但是否敢放手一搏，需要足够的气度。从某种意义上说，真正的企业家，都是具有这种气度的赌徒。对这些敢于下注的企业家来说，他们只关注投资成功的一系列关键环节、完成关键环节所需的一系列举措和投资的最佳时期。

具有赌性的企业家一旦发现好的机会，便会不顾一切，坚持不达目的不罢休的原则。著名管理学家彼得·德鲁克曾说过这样的话："孤注一掷的战略必须击中目的，否则所有的努力就会付之东流。换

一个说法，孤注一掷很像向月球发射火箭，如果时间稍有微差，火箭就会消失在外空中。一旦发射出去，孤注一掷的战略很难再调整或修改。"

企业家要有赌性，但真正的企业家仅有冒险精神是远远不够的，企业家还需具备目光前瞻性。复星集团董事长郭广昌，就是一位既有赌性又具前瞻性的企业家。1985 年，郭广昌考入复旦大学哲学系，后留在校团委工作。虽然他在学校团委工作很出色，但年轻的他渴望拥有更广阔的天地——他想出国留学，并为此积极地做着准备。然而，1992 年的邓小平南巡，却改变了他的人生轨迹。邓小平的南巡讲话，深深打动了他的心。当时，邓小平年事已高，但他热情洋溢的讲话，让只有 25 岁的郭广昌热血澎湃。经过权衡和思考，郭广昌不仅决定放弃出国念头，还决定辞职，决定赌一回——自己去闯荡一番事业。也就是在那一年，郭广昌和同校四位同学凑足 10 万元钱，办起了当时还鲜为少见的信息咨询和调查专业公司——广信科技咨询公司。那一年，他凭着资源和机会赚到了人生第一桶金 100 万。

在之后的几年里，郭广昌认识到民营企业的发展必须以高科技为内涵，因为现代医药是 21 世纪国际竞争的制高点，而高科技的重要主攻方向是生物工程。于是，郭广昌最终确定了以基因工程为主体的现代生物医药这一科技含量极高但是风险也极大的高科技产业方向。他决定将公司最初挣到的第一桶金全部押上，将其投入到基因工程检测产品的开发上。1993 年，广信改名字为复星。毕业于复旦遗传工程系的复星"三剑客"汪群斌、谈剑、范伟也在此时加入。经过潜心研究，他们在母校找到了生命科学院研究的一种新型基因诊断产品——PCR 乙型肝炎诊断试剂，仅此一项就为复星创造了一个亿的资产，从此也开始了复星介入生物医药产业的第一步。时至今日，复星药业仍是复星集团的主力产业之一。1998 年复星实业上市，募集 3.5 个亿的资金。2007 年 7 月 16 日，复星国际在香港成功上市，融资 128 亿港元，复星集团成为市值 800 多亿元的中国最大民营企业集团。

　　很多人都说郭广昌的创业史是一个神话，他的复星已经形成了涉及生物制药、钢铁、房地产、信息产业、金融等多个领域的庞大产业规模，直接、间接控股和参股的有 100 多家公司。郭广昌在谈到自己的产业时表示，复星最大的成功就是抓住了机遇。在郭广昌看来，改革开放以来，中国出现了四大机遇，第一次是出现了许多个体户；第二次是 1992 年的邓小平南巡，知识分子可以下海办公司；第三次就是资本市场从审批制转为核准制，使得一些业绩不错的公司尤其是民营企业有了机会；第四次是 1998 年国有企业退出非竞争性行业的机会。郭广昌说："后面的三个机会复星都抓住了，也就造就了今日的复星。"

　　复星集团创业之初，郭广昌用借来出国的资金 3.8 万投入创业，用一种"赌性"和对市场发展的前瞻性，挣得了第一桶金，之后毅然抓住每一次机遇，果敢出手，成就了复星的神话。作为一个企业家，"赌性"是果敢、勇气，不具备这样的素质，成功的路或许会走得比较艰难。当然，还要有前瞻性，这样才能避免不必要的损失。

6

坚持成就事业必须具备的正能量

　　有人曾做过这样一个实验：将一条饥饿的鳄鱼和一些小鱼放到一个箱子里，中间用一块透明的厚玻璃板隔断。最初的时候，鳄鱼总是不停地向小鱼发起进攻，失败了也不气馁，一次一次撞向玻璃板。可是，经过长时间的碰壁之后，鳄鱼不再坚持。这时将隔离板拿开，鳄鱼对小鱼还是无动于衷，甚至小鱼游到嘴边它都懒得张开。最后，这条鳄鱼饿死了，这便是因为它不懂坚持而放弃努力的结果。

　　毕业于北京大学政府管理学院的李永新曾说过："很多创业者在遭遇困难和挫折的时候都会面临一个是否要坚持下去的问题，可能很多人都会想应该知难而退，而不做无意义的坚持。但在我看来，创业其实是不断尝试的过程，不可能一步到位，马到成功，但只要坚持，就会有新思路、新想法出现。经过不断的调整，寻找更好的商机、更可行的盈利模式，就一定能走向成功。即便是卖猪肉，也可以做成全国连锁。"

　　李永新从北大政府管理学院毕业时，可以去部委做公务员，走一条"对口"坦途。但他放弃了这条路，决定创业。起初，他得到了资金支持，投资方对他的想法很感兴趣，对这个市场前景也很看好。于是，他的公司在 1999 年 6 月 28 日成立，到 8 月份实现收支持平，李永新觉得这已经是非常理想的业绩了，但由于投资方对这个新兴市场的预期更高，两个月仅仅持平，使其对李永新创业团队的盈利前景产生了怀疑。同时，学生创业者在实践中的不成熟表现也让投资方不满。为了提高团队士气和投资方的信心，李永新也曾把 8 月份的预算做成盈利，但结果依然令投资方失望不满。这就使双方产生了意见分歧，导致了心理隔阂，最终导致管理层各自为政。8 月底，在董事会的一次激烈争吵后，李永新的第一个公司宣告解体。事后，他回忆这段经历时认为导致与投资方"散伙"的个人原因是，在得到资金的同时也受到了很大的束缚，资金不能掌握决定权，很多创业设想无法落实。

虽然第一个公司的解体对李永新造成了一定的打击，但经过一个月的思考，李永新意识到，想通过引入资金推动创业尽早成功，是很困难的。投资方大量资金的投入，同时也就意味着占有了更多的话语权和决定权，公司的决策与创业者理想之间就会产生很大的距离。而在李永新看来，有悖于他的创业理想，不是真正的"创业"。

经历了这次失败之后，李永新下决心重新开始。他找回了几位志同道合的同学，组成新的团队，创业之初，主要的困难就是资金问题，当时他只能租一间每月 600 元的办公室，白天办公，晚上就在地板上睡觉。就是这种"商住两用"的办公室，还不知道能不能租得起下个月。那时候，李永新真正体会到"钱"是多么重要了。就连每日三餐都要算计着怎样省钱。虽然艰难，但李永新依然坚守着自己的创业信念，而且凭着这种信念，使他度过了公司成立后的一道道难关。

最终，李永新的"北京象牙塔信息技术中心"注册成立。由于项目策划的独到，加上市场操作的可行性强，象牙塔公司在北大组织的"北京大学高考状元报告会"接到了"第一单生意"，首场报告会定在石家庄举行。为迅速打开知名度，保证成功率和规律性，考虑到自身能力上的不足，李永新的公司在当地找到了一家合作伙伴。李永新的团队负责联系相关的北大教授、老师和状元们，并和他们一起制订报告内容的大纲。而合伙方则负责联系学校、租用场地、广告宣传等事宜。报告会很成功，有一万多人到场参加，仅门票收入就达 30 多万元。但让李永新和他的团队没有想到的是，这单生意自己只得到了 5000 元的收入，这还不够李永新支付各种费用。合作方利用李永新他们急于求成、希望与当地长期合作、缺乏经验、合同制定得不够具体等漏洞，以抬高广告和场租费用为手段，把"象牙塔"的利润挤压到最小。市场的无情为这群"象牙塔"里的人深深地上了一课。后来，李永新表示："那时真的太幼稚了，以为凭借自己的热情可以感动所有人，以为凭借自己的智慧，甚至可以改变商业规律。"经历了这次打击后，李永新的心情低落到了极点，本以为这次行动可以成为公司走出困境的契机，没想到反倒掉进了一个大坑里，灰心、动摇、怀疑的情绪将他包围着。幸好，他们是一群年轻人，年轻是失误的根源，也是重新站起来的最大"资本"。李永新和他的团队明白，这次虽然受骗了，但他们的项目是成功的，证明这是一个巨大的市场。

总结了这次教训后，在后来的项目实施中，象牙塔的思路逐渐清楚起来：先对合作方公司的资格进行审查，资格确定后再决定是否和它签约，所签协议合同的内容一定要具体，如预付款该付多少、报告团到达当地后应付多少、报告结束后应付多少……一个月后，象牙塔在太原赚到了第一笔利润 3 万元，半年后又在成都接到了一个 10 万元的订单。李永新和他的团队逐渐走向成熟，而象牙塔也在逐步稳固地建造起来。

李永新从学生到创业者的角色转换中，虽一路艰辛，但他始终没有放弃，一直坚守着自己的创业梦。他曾说过一个公式：成功 = 勤奋 + 智慧 + 坚持。他说："坚持，对学生创业者来说是最难做到的，因为学生做事情往往很理想化，一点点的'挫折感'就能让他们情绪低落、失败退出。其实，成功与不成功就差那么一点儿，只要你挺得住！"

不只是李永新，凡是有梦想的人，在遭遇失败的时候，只有懂得反思，在失败中寻找经验，坚持下来，那么你才能离成功越来越近。坚持会让一个人在追寻理想的道路上百折不挠！也是一个人成就事业必须具备的正能量。

7

认真负责是事业成功的助推器

有位外科护士第一次参与外科手术中负责清点所用的医疗器具和材料的工作。手术即将结束的时候，这位护士对医生说："你只取出了 11 个棉球，而刚才我们用了 12 个，我们得找出余下的那个。"医生却说："我已经把棉球全部取出来了，现在，我们就把切口缝好吧。"那位护士坚决反对："医生，你不能这样做，请为病人着想。"医生欣慰地看着他说："你是一个合格的护士，你通过了这次特别的考试。"原来，医生把第 12 个棉球踩在了脚下。当他看到新来的护士如此认真时，高兴地将脚抬起来，"失踪"的第 12 个棉球露了出来。

认真的工作态度是一个人的职业操守，不论是肩负着救死扶伤使命的医院工作人员，还是工作在任何岗位上的员工，都应该恪守这个准则。

南丁格尔奖获得者刘振华出生于 1977 年，从济南卫校毕业后，她被分配到了济南市皮肤病防治麻风病住院处。麻风病人是一个特殊群体，而刘振华把自己人生中的美好时光无怨无悔地奉献给了这些人，用热情认真的工作态度，以及自己的爱照亮了他们的人生。

刘振华工作的地方，只有几间平房，这里的护士们换了一拨又一拨，而她一直坚守着，她也因此成了那些麻风病人眼中的天使。过去，由于医疗条件有限，麻风病人得不到有效治疗，造成身体残缺，如口眼歪斜、眉毛脱落、鼻梁塌陷、溃疡流脓等等，有的患者生活无法自理，因此受到社会歧视，有的甚至连家人都嫌弃他们，这些人因此感到没有自尊，悲观厌世。而作为一名医者，刘振华用自己高度认真的工作态度，不仅悉心为每一位患者诊治，还为这些人带去无微不至的关爱。她为腰疼的患者买来充气床垫，为失眠病人买来保健食品，为贫困的患者送上保暖内衣等等。1988 年，医院决定把刘振华调回门诊，消息传开后，麻风病住院处炸开了锅。患者们联名请求刘振华留下来，院领导进退两难，最后把决定权留给了刘振华本人。病人的信任和依赖，让刘振华留下了眼泪，于是，她选择再次留下来。

由于长期与麻风病患者接触，让她对这群人有了很深的感情，也使得她对这种疾病有了更深刻的认识。善于思考的刘振华，发表了 20 多篇有价值的学术论文。她在麻风病防治与护理上探索出"以情感支持为主、人性化综合管理"的新路子。她的科学成果，已经在济南和山东省推广。2005 年，刘振华被红十字国际委员会授予国际护理界的最高荣誉——南丁格尔奖章，以表彰她用非凡的勇气和爱心从事麻风病专科护理 28 年的护理生涯。作为一名医者，刘振华用自己高尚的医德，为患者尽职尽责地服务，用爱心救治麻风病人，成为那些麻风病患者心中真正的白衣天使。

一个心中有责任感的人，不论从事什么工作都能全心投入。而作为一名员工，尽职尽责是得到上司赏识和事业更上一层楼的必备条件。只有投入才有回报，只有主动才有创新，只有付出才有收获，只有尽责才有超强执行力。一个企业好比一台大机器，其中的任何环节哪怕仅仅是一颗小小的螺丝钉出现了问题，都会影响整台机器的运转。如果一个企业员工不能尽职尽责，忠于职守，势必会影响到整个企业或公司的工作进程。所以，爱岗敬业是每一个员工必须具备的职业素质。

随着科学技术的不断进步，人们应该善于创新，坚决克服不思进取、得过且过的思想，主动了解新情况，学习新知识，解决新问题；

在工作中不埋怨，坚决执行公司制度和完成领导分配的任务；勇于创新，积极探索符合实际的工作方式和方法。

一个员工要热爱自己的工作，自己的职业，只有这样公司才会给予你相应的报答。作为一名员工，要学会利用一切机会去学习，吸收新的思想和方法，从以往的错误中吸取教训，不再犯相同的错误。在当今这样的社会环境中，不爱学习的人是没有前途的，如果不能接受新知识、新技能，个人的事业是很难有所发展的。只有将自己武装好，然后以尽职尽责的态度投入到工作中去，才会有所收获。

内蒙古平庄煤业集团公司元宝山露天煤矿，采用连续和半连续综合开采工艺，连续开采工艺从德国引进技术，设备由中德厂家合作制造，是目前国内最先进的连续工艺开采设备，而它的龙头是轮斗挖掘机，价值上亿元，工艺复杂，科技含量高，所以，对操作者们提出较高的要求。1985 年技工学校毕业的荆向斌，来到此后，由于工作出色，1993 年被送到德国进行轮斗挖掘机司机培训，并以优异的成绩获得德方颁发的轮斗司机专业结业证书。回国后，他便马上投入到这项工作中去。值得一提的是 1995 年 10 月发生的一件事，荆向斌在检查性能试验中的轮斗设备运转情况，当他走到斗轮驱动装置时，一种微小的异常声音引起他的警觉。他立即按下急停按钮，凭着工作经验，他判断轮斗驱动装置出了问题。于是，他立即把这一情况报告给集中控制室的值班人员，要求德方工程技术人员进行检查。虽然德方工作人员不相信一个普通的中国工人的判断，也不愿意相信自己的轮斗质量会有问题，但他们还是带着怀疑的态度进行了检查。经过仪器测试，发现轮斗驱动减速轴承坏了。由于发现及时，避免了因轮斗减速造成的巨大损失。

荆向斌在工作中一直保持着积极认真、迎难而上的态度，生产中遇到问题从不退缩、不等待，总是积极出主意、想办法，努力克服各种困难。2003 年，在上级领导部门的指导下，荆向斌带领轮斗机班组的工友们实施了轮斗机下挖工艺试验，并独创出轮斗机下挖和迈步式采扩帮工艺，使轮斗机的使用空间得到了更大的扩展，丰富了它的采掘工艺，为探索元宝山露天采矿技术和降低采矿剥离成本做出了很大贡献。

多年来，荆向斌在工作中认真负责、勇于创新，因此多次获得上级部门的表彰和肯定，2009 被评为全国劳动模范。荆向斌的事迹证明了作为一名企业员工，在具备了良好职业素养的前提下，个人为企业带来利益的同时，也为自己带来无上的荣誉。积极、热情、专研、认真……这些正能量对于每一个人来说，在其事业发展中都起着良好的推动作用。

8
学会在竞争中让自己更强大

　　市场中存在着生机，也存在着残酷竞争。在现代社会中，不论是企业还是个人，都应该树立竞争意识，勇于挑战、不怕困难。一个企业如果树立竞争意识，增强企业的忧患意识，使员工产生危机感、紧迫感和使命感，形成人人关注市场拓展，人人参与市场拓展的局面，可以使自己更具竞争力。当然，必须紧跟时代潮流，吸收先进的科学理念，以时不我待的精神转变观念，推进发展。一个没有竞争意识的企业，也就没有战胜困难的决心和勇气，最终只能被市场和社会淘汰。当今社会，是充满竞争的时代，企业生存的最大武器就是竞争。

　　动物学家研究，老鹰一次生下4~5只小鹰，由于他们的巢位很高，所以，老鹰捕回来的食物一次只能喂饱一只小鹰，但是，老鹰在喂食的过程中，并不一视同仁，平等对待，而是哪只小鹰抢得凶，就给哪一只小鹰吃。在这种情况下，弱小的小鹰因吃不到食物就都饿死了，只有那只最凶狠的小鹰才能活下来，代代相传，老鹰一族越来越强壮。由此可见，生存竞争是提升动物能力的外在条件，也是推动其发展和进化的不可或缺的内在因素。

　　市场就好比喂食的"老鹰"，每家企业就是嗷嗷待哺的"小鹰"，一旦进入商界，企业必然面临优胜劣汰的境地，与小鹰所面临的情况一样，面对市场中仅有的那点"食物"，要想生存，除了竞争没有别的选择。如果一个企业没有竞争意识和勇气，那么就会被对手夺走"食物"，使自己陷入"饥饿状态"。缺少竞争意识，是一个企业最致命的问题。而拥有竞争意识，则会让一个企业发展得越来越强大。

以美国的硅谷为例，一块弹丸之地竟林立着几千家公司，都做信息产业，竞争十分激烈。而且，硅谷每年都会出现几百家新的企业，同时，也会有几百家企业像那些不会抢夺食物的小鹰一样被淘汰出局。而那些通过竞争生存下来的企业，都有着较强的生命力，其根源，就是它们在竞争中得到了很好的修炼。

硅谷内有着非常残酷的竞争机制。因为，没有一个残酷的竞争机制，硅谷人就不会拼命去干，就难以出现一流的成果。硅谷的企业管理者都十分注重持久性延续员工的"竞争"观念，培育员工的竞争意识和竞争能力，增强员工对竞争的认可度。企业通过这样的管理机制，让员工充分意识到竞争的存在和无情，最大程度发挥员工的潜能和积极性，不断进取、创新、拼搏，从而使企业能够拥有比较持续的、均衡的竞争力。

在企业参与竞争的过程中，还要注意出手的速度。现在社会一切竞争都围绕着速度，谁先走在了时代的前头，谁就抓住了未来，否则稍一疏忽怠慢，就会被对手挤掉。微软公司在许多重大危机关头都采取了果断措施，抢在别人前面，从而获得成功。20 世纪 80 年代，美国莲花公司在"莲花 1-2-3"研制的基础上，乘势为"麦金塔"电脑开发软件，命名为"爵士乐"。比尔·盖茨经过透彻分析和比较"莲花"的优劣后，决定超越它，尽快推出世界上最高速的电子表格软件，在整个设计过程中，盖茨紧紧盯着"莲花"的进程，并一再加快自己的研制步伐，决心将自己的产品抢在"爵士乐"之前研发成功。在盖茨和操作人员的共同努力下，微软的新产品"超越"比莲花公司的"爵士乐"整整提前了五个星期问世，而这五个星期就决定了莲花的命运，到了 1987 年，市场报告表明，"超越"以 89% 比 6% 的市场占有率遥遥领先于"爵士乐"。

美国联邦快递公司经过调查发现，在很多行业中，只有 3% 到 5% 的时间确实投入到实际生产工作中，而余下的时间基本上都是在进行市场调查、研究思路、反复试验、寻找客户和反馈修改，这表明了企业以速度为取胜的竞争规则。竞争是企业生存的最大武器，这已成为不争的事实。当然，企业管理者在实施竞争管理时，要基于专业化，结合外在环境和自身能力，积极稳妥进行，这样才能把自身的竞争优势提升至制高点。

竞争是企业发展的动力与源泉，从辩证的角度看，竞争与发展是对立与统一的关系，就像武功中的借功借力，如果对手无功无力，自己的功力也无法得到增长，而相反，对手越是强大，自己提高得也就会越快。企业间的竞争与发展是这样，企业内的员工竞争与发展也是一样的道理。

作为一名企业管理者，若想持续保有企业的竞争激情，让企业成为同类中的佼佼者，必须让企业时时刻刻运行在"优胜劣汰，适者生存"的管理轨道上，保持清醒的竞争头脑，感受市场无声无形的竞争关系，了解竞争对手的优势在哪里，并及时对其作出判断与分析，提前做好应对策略计划，使企业以更快的速度发展。作为企业中的员工，也都要有外在的竞争压力，意识到自己的辉煌只是暂时的，稍有怠慢，企业就会一溃千里。企业管理者应具有老鹰精神，善于选择优秀人才，只把食物喂给竞争力强的小鹰，通过竞争与淘汰，能者上，庸者下，为企业找寻真正可用的人才。

企业的人才竞争机制，也会让更多员工意识到只有提高自身的素质，才能在竞争中立于不败之地。俗话说："事无大小，人无高低，均在竞争中生存。"无论企业还是个人，树立竞争意识，在竞争中使自己更加强大有力，是时代发展的需要，也是保存自身的必然选择。时刻给自己信心和勇气，拿出对工作的最大热情，积极地投入到自己的事业和工作中，使自己的价值更好地得以体现。

第七章

【性格正能量】

北大告诉你行为背后的性格密码

一个人的性格能够决定他一生的命运。毛佛鲁曾经说："一个人的性格特点是他成败的原因，与外在环境无关。"性格其实就是一个人内在本质的体现，一个人无论做什么事情都能在一定程度上体现他本身的性格。一个性格中充满正能量的人相对而言比较容易取得大的成就。人类的性格是复杂多面的，它促就一个人在生活中的行为方式，具有什么样的性格就会做出什么样的事情。一个具有正能量的性格会使人们更易得到人生的幸福与财富。

北大造就了众多的人才，因为北大的精神塑造了学生们优秀的性格。只要你拥有良好的性格，命运就可以改变，人生就会获得成功。心理学家认为，心理变，行为变；行为变，习惯变；习惯变，性格变；性格变，人生变。简单地说，就是性格造就了人生。一个人如果能够培养出具有正能量的性格，就能成就自己的人生；如果能去掉性格中的负能量，就会去掉惨败的命运。

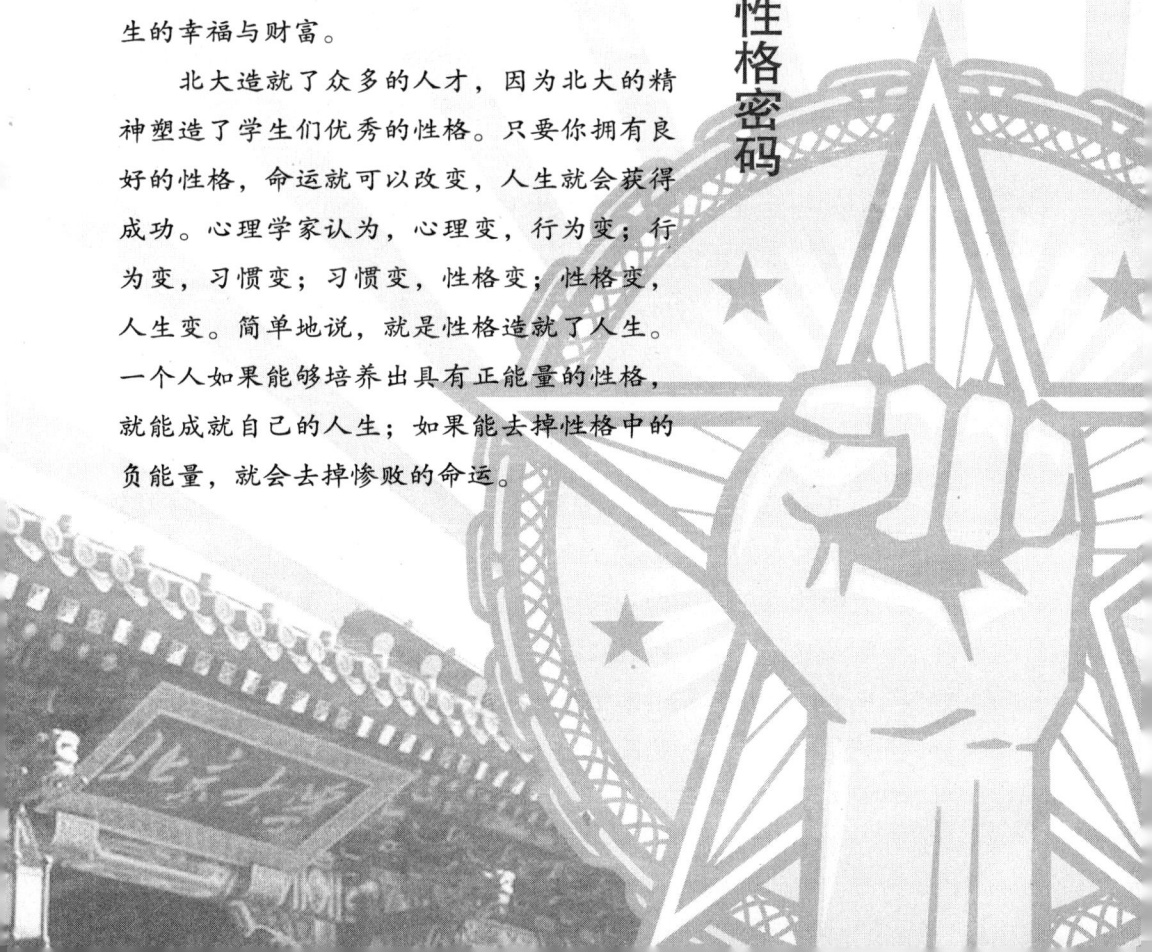

1

性格不容易改变，心态却可以培养

2008 年以 692 分的成绩被北京大学录取的李广一同学曾说过："我在面对高考时的心态一直在变化，但不管是平时的心态，还是考前的心态，抑或考场上的心态，无论什么时候我都是抱着积极的心态的。"2010 年考上北大的学生龚洁艺在总结自己高考的经验时，也表示说高考时的心态很重要，如果能够以最佳的心态面对不良的情绪，就能发挥自己的真正实力，从容面对一切问题。可见，一个人的心态在很大程度上影响着他的人生道路，无论是面对考试还是生活，态度往往起到了决定性的作用。

俗话说："性格与心态，是成功人生的两大法宝。"一个人能够在社会竞争中占据优势并取得成就，与他的性格与心态有着很密切的关系。虽然一个人的性格很难改变，但是如果人们能够培养出良好的心态也照样能够拥有快乐的生活。心态是一个人的心理素质与能力的体现，也是处理事物的一种趋向。心态决定着一个人的思维与行为，会对一个人的生活造成影响。成功人士总是用积极的心态面对问题，而失败的人总是用悲观失望的态度面对人生。美国钢铁大王安德鲁·卡耐基是一个善于管理心态的人，他善于发现他人积极的一面，能够与所有的合作者和谐地相处。

无论是面对他人还是面对自己，寻找自己积极的一面，培养良好的心态对人生来说都是很关键的一部分。人生旅途是短暂的，任何人都不可能重来一次。因此，人们要用良好的心态来帮助自己完成生命的旅程。哲学家说："你的心态就是你真正的主人。"佛说："物随心转，境由心造。"不同的心态可以导致不同的行为，也会造就不同的人生。生活中，人们经常会讨论心态这个问题，在讨论一件事的时候，往往会牵扯到当事人的心态。换言之，心态就是一个人的心理素质。而且从某种意义上来说，心态是对一个人性格的修复与完善，如果一个人性格上有缺陷往往可以通过心态的调整得到改善。

从心理学角度来看，心态是对人的性格的修饰。如果想要突破自己的性格，就要通过一种行为来不停地提醒自己，逐渐地，你的心态就会因为你的行为习惯得到转变，新的心态就会支配你的行动。当身心不快时，人们可以通过调整心态来改善自己的情绪。

心理学家表示，心态主导着人们的行为，反过来，行为也同样可以影响一个人的心态。一家食品公司的总裁管理风格非常强势，开会的时候总是他一个人大谈阔论，宣布完任务后监督着每个人执行。后来，他觉得这样很累，而且工作效率也很低。于是，他决定听取属下的意见，并培养自己倾听的习惯。他强迫自己在开会的时候尽量不发言，多听听大家的想法。刚开始的时候，他觉得很是煎熬，总是忍不住想要说话，即使自己忍住不说话，也不能认真地听别人发言。后来他渐渐适应不发言之后，能够听进去别人的话了，而且从中得到了很多有建设性的意见。经过这样的心态调整后，他发现自己看到了以前未曾注意的细节。对他来说，这种改变的过程很难，因为这需要克服性格上的障碍。这位总裁通过改变自己的开会方式，改变了自己的心态，最后从中受益。

成吉思汗养了一只猎鹰，这只猎鹰十分机警，是成吉思汗的心爱之物。多年来，这只猎鹰总是跟随在他的身边。有一次打猎的途中，成吉思汗觉得很是口渴，便走到一条小溪边，拿了一只碗盛了水准备一饮而尽。可就在这个时候，猎鹰飞过来就把他的碗打翻了。成吉思汗不知道是什么原因，于是又用碗舀了水，谁料猎鹰又将碗打翻了。

这个时候，成吉思汗非常气愤，对猎鹰吼道："如果你再将我的碗打翻，我就杀死你！"说完就又舀了水准备喝，猎鹰照样将碗打翻了。成吉思汗火冒三丈，一气之下拔刀就将跟随自己多年的猎鹰砍死了。之后，他气得也不想喝水了，沿着小溪往回走。当走到小溪的源头时，他看到水里有一条死蛇，而且还是一条毒蛇。他一下子明白了，原来猎鹰是在救他，因为这条蛇的毒液已经渗进了水里，猎鹰发现了毒蛇，所以当他喝水的时候，就将碗打翻了。此时，成吉思汗才明白自己错怪了猎鹰，但是一切都太晚了。

这个故事告诉人们，千万不要在情绪激动的时候做决定。跟随成吉思汗多年的猎鹰对他很是忠心，不可能无缘由地做出不符合常理的事情。如果成吉思汗能在杀猎鹰之前，稳定一下自己的情绪，冷静地思考一下，可能就不会做出令自己后悔的事情了。其实，情绪激动也是心态不良的表现。想要培养良好的心态，就要控制好自己的情绪。当你生气的时候，先不要对任何事情下决定，出去散散心再回来。或者是将自己心中的不满写下来，等过段时间再回头看自己写的东西，就知道当时的自己有多愚蠢了。所以，人们应该学会用心态来完善自己的性格，当你拥有积极的心态的时候，你的性格也就得到了完善。

2

执著的性格是飞向成功的双翼

陈独秀，1879 年出生于安徽怀宁，自幼丧父，从小跟着祖父学习四书五经。陈独秀中过秀才，在正规书院接受西方思想启蒙，后来因为宣传反清思想被书院开除，之后便踏上了追求自由民主的道路。1917 年成为北大的文科学长，1921 年成为了中国共产党的创始人之一。陈独秀就如被人预言的那般，他成为"龙"，是腾飞革命前线的"龙"。

陈独秀是执著的，他说过："哪怕全世界都陷入了黑暗，只要我们不向黑暗投降，就能够有拨开云雾见青天的力量。"他在政治上起起落落，多次被捕入狱，但是他没有抱怨，没有失落，他依旧独秀于社会的动荡之中，这就是执著的力量。

在挫折面前，是奋勇前进还是畏惧退缩，这与执著的性格是分不开的，执著使人能够肯定自己未来的道路方向，能够坚持自己的信念而不为他人所干扰。曾经有一个企业家，在投资一家高尔夫酒店时，公司上下都强烈反对，企业家却坚定不移，投进 4 千万，后来赶上金融危机，企业缺少周转资金，周围的人都劝他卖掉高尔夫酒店，但是他不为所动，反而用高额贷款对付危机。最终这家高尔夫酒店让他赚得盆满钵满，随后他又抓住时机，以 1.2 亿的价格成功地将其转让出去，获得了不少的收益。在困难的时刻，公司的资金流几乎就要断裂，企业家的话却令人发省："如果我们随便放弃了有价值的项目，即使公司度过了危机，也是苟延残喘。但如果能把握住有价值的项目，即使公司陷入了危机，我也觉得值得。因为这种危险中，孕育着很大的希望。"

执著的性格是一个人的优点，但是如果把握不好就很有可能变为固执。执著与固执都是对目标的坚持不懈，但是最终的差别在于结果。如果你坚持的事情取得了一定的成就，其他人就会对你产生敬佩，你就会成为执著之人；倘若你所坚持的事情最终失败，你就会得到人们的嘲弄，而成为固执之人。这就是残酷的事实，在很多情况下，这个世界就只是用结果来判定英雄的。任何人都不希望自己所坚持的事情遭遇失败，想要避免失败的结果，就要在执著的行动中进行充分的判断与分析，准确地把握前进的方向，才能因为执著取得胜利而非固执遭遇失败。从另一个角度分析，当你发现自己所坚持的事情已经失去了它原本的价值，或者此时的价值已经不再具有你所追求的价值的时候，就应该果断地放弃，如果你还要等到经历无数次的失败后才回头，那时候你的性格表现就只是固执而并非执著了。

有一个牧师，是个虔诚的天主教徒，而且还自称是上帝的儿子。一年，教堂附近发了洪水，牧师被困在教堂里。不一会儿，救援部队就派了一条救生艇来营救他，然而牧师拒绝上船，原因是他是上帝的孩子，上帝会来拯救他的，于是救生艇只好离开。水势越涨越高，洪水逐渐覆盖了教堂的底层，牧师只好趴在教堂的楼板上，这时候救援队又派了一艘轮船来搭救，可是牧师又拒绝了，还是刚才的理由："我是上帝的儿子，上帝不会丢下我不管的！"于是救援队再次离开。水势继续涨高，牧师在二楼也呆不住了，只好爬上了塔顶。这时，牧师的生命已经危在旦夕，救援队只好再派一架直升飞机来营救，直升机放下一个悬梯让牧师爬上来，牧师却临危不惧，朝着救援队喊道："我是上帝的儿子，他一定会来救我的！"最后，洪水淹没了牧师，他就这样死掉了。死后，牧师的灵魂飞到了天上，见到了上帝。他悲愤交加，质问上帝："我对你那么虔诚，你为什么在我最危险的时候不肯救我？"上帝疑惑："我怎么没救你？第一次，我派了一条救生艇，你不上；第二次，我又派了一艘大船你还是不肯；最后，我派了一架飞机，你还是不肯上。我就想，这可怜的孩子可能想上来陪我，所以我就让你上来啦！"

从这个故事中可以看出，人们的性格不能缺乏执著的成分，但是也要在执著中准确地把握好自己的努力方向。

现代社会，很多人都感叹年轻的一代做事不执著，没有坚定的意志。是的，执著是一个人成功的基础，作为年轻的一代更应该为自己的梦想执著地奋斗。但是，所有人都不能让执著成为我们的限制，否则就成为了固执。无论做任何事，人们都要明确自己的目标，找到正确的方向，然后坚持下去，那样，才能让执著的性格发挥它潜在的无限力量。

巴尔扎克曾经说过："拼得一切代价，奔向你的前程。"凡是成功者在性格上都有执著的成分，执著有别于坚强，它是人们对自己的行为价值在认识上准确地判断后，采取的一种坚持不懈的态度。很多失败者都倒在了黎明前的黑暗，不是他们不够坚强，而是他们不够执著。为什么他们坚持了那么久，却在只差一步的时候停止了？因为他们没有看清自己的最终方向，不能执著于自己的理想，所以他们看不到希望，没有了希望自然会停止不前导致失败。所以，一个人要想有所成就，就必须让自己变得执著，能够正确地判断自己前进的方向，对自己未来的道路做到心中有数，因为只有执著的力量才是永恒的。

3

自信能够使人化"平庸"为"神奇"

北大的精神是所有北大人共同塑造的，他们每一个人都为现在与未来的北大注入了顽强的生命力。无论是个人还是一个组织的发展都离不开自信力，而且所有北大人最为显著的性格特征就是具有很强的自信心。曾任北大教授的鲁迅先生说过这样一句话："无论如何，'流言'总不能吓哑我的嘴。"这就是一种自信心的表现，自信可以使人拥有前进的力量，可以使人坚持不懈地追求自己的梦想。

鲁迅曾经写过一篇叫做《中国人失掉自信力了吗》的文章来专门讨论自信的问题。鲁迅的这篇文章写于1934年9月25日，正是"九一八"事变三周年之后。当时，一些人对抗日前途充满悲观，并表示中国人已经失去了自信心。而鲁迅的这篇文章就是为了反驳这种错误观念，鼓舞人们的自信心而写的。鲁迅认为，中国的未来发展靠的不是政府官员，也不是所谓的御用文化人，而是人民。鲁迅的这篇文章虽然仅有680字，却字字充满自信，对中国的前途充满了无限的希望。在那个国家动荡的年代，鲁迅就是这样一个精神代表人物，每当看到有人消极，他就站出来批驳。

一个拥有自信性格的人，必定是一个永不放弃、奋勇向前的人，他们拥有着他人所没有的对自己的信任，所以往往会获得一般人所无法获得的成功。生活是一场充满未知的旅程，前方的道路有什么，只有走到才了解；未来会成为什么样子，完全是靠自己的努力。如果只是躲在温室里，不经历风雨永远不会看到彩虹。一个人只有不断完善自己，让自己充满自信，这样才敢于向未知的一切挑战。

美国历史上纽约州的第一位黑人州长罗尔斯，从小在贫民窟长大，他说自己能够成为州长最应该感谢的就是小学的校长皮尔·保罗先生。皮尔·保罗先生刚出任校长的时候就发现这些孩子每天总是打打闹闹，几乎天天打架、旷课，甚至毁坏学校的桌椅。有一次，当满脸灰尘、衣服脏烂的罗尔斯玩够后从窗户爬到教室的时候，他看见校长就站在他的面前。但是，他满不在乎地拍了拍手，大摇大摆地走向了自己的位置。这时，保罗先生突然说："等一下，孩子。"罗尔斯回头看着校长，发现校长盯着自己，然后认真地说："我一看你的脸与修长的手指就知道你未来一定能够成为纽约州的州长。"说完，保罗先生就离开了。罗尔斯的同学们一片哄笑，小罗尔斯内心却十分震撼。因为，从小到大，只有他的奶奶夸他能成为船长，这次校长竟然说自己能成为州长。虽然他的同学们都觉得那是在嘲笑他，罗尔斯却将校长的话作为约束自己的格言。他将校长的话刻在自己的书桌上，也深深地烙印在自己的心里。从那一刻起，他就相信自己能够成为州长，而且还用州长的言行举止来约束自己。以后，罗尔斯的衣服干净整洁，说话也不带脏字，而且走路时挺直自己的腰杆。后来他成为班长，不久又被选为学生会主席，最后成为贫民窟里为数不多的大学生。罗尔斯在自己 51 岁时，实现了校长当时的预言，出任纽约州州长。

在就职仪式上，罗尔斯讲道："信念值多少钱？虽然信念有时只是一个善意的谎言，但是信念能够让一个人不断前进，总有一天你会发现，它迅速升值，并且是无价之宝。"

当小罗尔斯听到校长的话语后，对自己开始有了自信，正是因为从那之后拥有了自信的性格，所以，他的人生才发生了改变。自信让罗尔斯有了新的世界观、价值观，并且让他拥有了对成功的渴望，最后成为了时代的伟人。自信是世界上最廉价同时又是最昂贵的东西，它廉价到不费吹灰之力就可以拥有，但也昂贵到有些人永远无法拥有。可以说，任何人的成功都是从一个小小的信念开始的，信念可以使一个人创造奇迹。所有取得成就的人都能够培养自己良好的习惯，而这些培养的动力多数都来自自信的性格。

自信的性格可以让一个人对人生价值定位，并促使自己发挥本身的潜能。爱迪生曾经说过："如果人们能够依照自己内心的想法去做，毋庸置疑会让自己大吃一惊。"不难想象，一个人如果永远不相信自己的能力，不去挖掘自身的潜力，那肯定就永远无法实现自己的理想。其实，每个人都比自己想象的能干得多，每个人都有发挥不完的潜能，只要相信自己，让自己充满自信，就会有一股神奇的力量引发出内在的潜力，改变绝望的生活，最终获得成功。

一个人要想取得成功，就必须要真正了解自己，并为自己做出最准确的定位，然后才能让自己本身所具有的能力发挥出来，从而让自己得到更多的机会。在日常生活与工作中，人的性格与能力都不断地在改变，如果人们能够学习更多的知识，不断地提高自己的能力，这样就会让自己变得越来越自信，越来越能发挥自身的价值。

英国文学家培尔辛说："除了人格以外，人生最大的损失，莫过于失掉自信心了。"可见自信心对人生有着巨大的影响。自信虽然是一个人成功的关键，但也要把握好分寸，否则自信就会变成自负。而且，任何人都不可能是常胜将军，如果一个人总觉得自己无所不能，那么性格中的优点就会转变为缺点成为自负。自负者喜欢沉浸在虚无的幻想中，他们常常因为一次成功就心满意足，无法沉静下来思考自己的未来。争强好胜是多数人的正常心理，只有向积极乐观方面发展才是真正的自信。拥有了这种品质，就会不断地提高自己的能力，实现人生的价值。

4

坚韧的性格是成功者坚固的盾牌

美国思想家、外交家富兰克林曾说过："唯坚韧者始能遂其志。"一个人拥有坚韧的性格，就能战胜挫折与艰难，并取得一定的成就。人生不可能永远一帆风顺，如果想要获得成功就必须面对环境与人为的阻碍，凭着百折不挠的性格越过那些险境，并取得最后的胜利。

百度创始人李彦宏于 1991 年毕业于北大信息管理专业，是全球搜索引擎的最早研究者之一。1999 年底，百度树立了自己的旗帜，之后就面临公司选址的问题。当时，互联网的热潮已经过去，但是 IT 行业仍然显得很霸气，很多没有专业实力的老板凭着风险投资在最豪华的办公地段招兵买马，表面上风风光光，但其实际业务并不怎样。有人劝李彦宏将公司也安在国贸，这在北京是身份的象征。但是，李彦宏还是将公司办在了北大资源宾馆，他之所以选择在这里，首先考虑的是充分利用北大的人才资源，其次，这里的租金很便宜。

百度刚成立时的物质条件很差，业务也不好拉。为了节约时间，李宏彦工作与吃住都在资源宾馆。在他的带领下，公司的员工经常加班加点，累了就在椅子上小憩，实在熬不过就去厕所洗把脸回来接着干。有的人也靠抽烟来解乏，但是公司有禁烟令，所以他们得跑到厕所的过道上吞云吐雾。公司最忙的就是开发阶段。有一天到了晚上 9 点，公司突然宣布 10 点 45 分开会。可是，到了那个时间，因为有技术上的问题没有解决，于是就推迟开会。最后，直到凌晨 2 点会议还是没有开成。当工作完成之后，大家准备回去休息时，问题又来了。于是，李彦宏与工程师们又接着解决问题。

2003 年，那是一个令人心悸的年份。百度公司账面刚出现盈利，对手们就开始认真对待这个 IT 界的新起之秀了，黑客们也盯上了百度。而且就在这个关键时刻，一场席卷全国的非典风暴打乱了所有的部署，交通不便，再加上人人心里紧张不安，很多公司停滞不进。时间就是生命，尤其是对刚有起色的百度来说。为了鼓励大家，李彦宏整天放歌，放的是《十送红军》，他希望用红军在绝境中爬雪山、过草地的坚韧精神激励大家战胜困难。在 2003 年，其他公司几乎歇业的时候，百度的技术却突飞猛进。对于公司创始人来说，那是一段艰难的日子，但是他们都很快乐，因为他们是一群为理想而坚持奋斗的年轻人。

万事开头难，尤其是新生的小公司很容易猝死，百度成立不久，很多 IT 公司纷纷陷入困境。2007 年，百度高管严重缺位，李彦宏一人控制大局，在如此艰难的情境下，李彦宏带领着员工们通过坚忍不拔的努力实现了公司业务的正常运作，逐渐有了稳定的收入。不久，李彦宏获得第二笔资金，坚韧的性格使他走出了互联网的寒冬。

法国画家安格尔曾说过："所有坚韧不拔的努力迟早会取得报酬的。"只要你有正确的方向，就会在自己坚忍不拔的精神驱使下取得成功。坚韧的性格是成功者最值得尊重的一种风范。坚韧是人最高尚的品质，它赋予人坚不可摧的力量与顽强的忍耐力，拥有这种性格的人往往是无敌的，他们明确自己的目标，凭着百折不挠的精神，不达目的誓不罢休。

成功者与失败者其实并不一定有很大的差距，成功者往往只比失败者多走了一步。而这一步就源自坚韧的力量，或许你走了一万步还没有成功，但很可能成功就藏在第一万零一步，只要你坚持下去，就能与成功相遇。生活中很多人在自己还没有竭尽全力的时候就坚持不下去了。这个时候，他们或许对自己的能力已经产生了怀疑，此时又正好遇到一些挫折，于是就失去了坚持下去的勇气，因此对大多数失败者来说，他们并不是因为没有才能而失败，而是因为没有坚韧的毅力而失败。只有经得起各种磨难的人才能够成为最后的胜利者，因此不管有多艰难都不要轻易放弃。

那么，坚韧的性格是天生的吗？当然不排除这种先天的因素，但是任何人的性格与品质都具有一定的可塑性，虽然这个过程很难，但是只要坚持去做了，总有一天你会实现自己的目标。几乎所有具有坚韧性格的人，他们的共同点是都有自己很明确的目标，只有拥有了目标才有坚持下去的动力，才会使自己坚韧的性格完美地呈现出来。

坚韧的人都充满自信，他们相信自己能够做到。如果自己都不相信能成功，怎么还有继续下去的理由呢？相信自己，不管多少苦难与挫折都要继续前进不屈服。另外，具有坚韧性格的人通常注重与他人的合作，因为人们生活在一个需要团体合作的社会，只有与他人沟通交流，适应环境，才能够建立起良好的交际圈，从而更快地走向成功。

"坚韧是成功的一大要素，只要你在门上敲得够久、够大声，终会把人唤醒的。"是的，坚韧的性格让人拥有顽强的意志力，拥有了它，就好比拥有了战场上坚固的盾牌，能够抵抗住任何危险。坚韧的性格能够让人拥有神奇的能力，使人适应恶劣的环境，战胜不幸，发挥惊人的潜力，只要坚持前进，终会冲破难关。

5

幸运喜欢照顾性格乐观的人

英国著名生物学家达尔文曾说过："乐观是希望的明灯，它指引着你从危险峡谷中步向坦途，使你得到新的生命新的希望，支持你的理想永不泯灭。"其实，生命就是要乐观向上，只有乐观的性格才让人生的旅程变得快乐。乐观的人才会笑看人生，才会欣赏到生活中最美丽的风景。

毕业于北大的新东方创始人俞敏洪，在多所高校举行过上百次演讲，被誉为中国青年的"精神领袖"。他曾经讲过这样一个故事：能够到达金字塔尖的动物有两种，一种是老鹰，因为它可以靠着自己的天赋飞到塔顶。而另一种动物就是蜗牛，蜗牛是爬上去，那可能需要一个月、两个月，甚至一年，而蜗牛不会顺利地爬上去，它一定会掉下来，然后再爬，掉下来再爬。当蜗牛爬上顶尖的时候，它所看到的世界与老鹰所看到的是一模一样的。但是，老鹰没有蜗牛"富有"，因为坎坷的经历就是一笔财富。

蜗牛靠着坚持不懈的奋斗获得了与老鹰一样的成就，但事实上蜗牛所经历的比老鹰坎坷得多。蜗牛能够取得成功主要是因为它天生的乐观性格。无论何时何地，蜗牛都以自己的乐观性格度过了一个又一个难关。人也一样，一旦你拥有了乐观的性格，就变成了自己的主人。人生就是一个快乐的旅程，拥有乐观性格的人才能拥有更多的快乐。所以，每个人都应该努力培养自己的乐观性格，才能够让自己有更多的机会，实现人生更大的价值。

　　每个人的内心深处都有乐观的因素，只是有时候，生活中的磨难会遮住人的眼睛，让人看不到明媚的阳光。其实，希望的太阳一直都在那里，只要你用双眼去看。而且每个人的心中都有一种能力，这种能力会促使你揭开蒙蔽双眼的事物，重新注入能量，这种能力就是你性格中乐观的因素。

　　生活中有很多人都觉得不快乐，工作、生活都不顺利，因为他们的内心为自己制定了很多约束与枷锁。这种条条框框让他们无法乐观起来，心情自然不能畅快。人们只有突破一切困扰的束缚，乐观地面对所有问题，才能够成为快乐的人。乐观的人从不会抱怨任何挫折，他们会笑对人生，即使在摔倒的地方也会欣赏到美丽的风景。

　　曾经有一位白发苍苍的影坛老将接受了一家电视台的节目采访，只见他拄着拐杖艰难地走上台，慢慢地坐了下去。观众看着这位身体羸弱的老人，不免为他担忧。主持人关心地问道："您的身体需要常常看医生吧？"老人笑着说："是啊，一直都去。"主持人很担心地说："是吗？您的身体状况很不好吗？"老人答道："病人必须去看医生，这样医生也才能够活下去。"台下的观众被老人的俏皮话逗笑了，响起了热烈地掌声，为老人乐观向上的精神喝彩。主持人又接着问："您是不是经常要去药店啊？""是的，因为药店的老板也要活下去。"观众又是一阵笑。"您常吃药吗？""没有，我经常把药倒掉，因为我也想活下去。"台下爆发了热烈的掌声。接着，主持人又换了其他的话题："您太太最近好吗？""嗯，很好，还是那个，没有换。"观众哄堂大笑。

　　这就是乐观的精神，乐观的人无论遇到什么问题都能让自己与周围的人保持心情的愉快。生活中的每一件小事都需要以乐观的精神去对待，生活中才能充满快乐，人们也才能持久地拥有乐观向上的态度。一个人的生活是否幸福，并不取决于他拥有多少财富或者取得多大的成功，而是他如何看待自己拥有的东西。即使是百万富翁，也可能有着不幸福的人生。人生快乐与否，关键在于自己是否拥有积极乐观的性格。乐观的性格会让人坚强地面对所有的挫折，因此，拥有乐观性格的人，往往会获得完美的人生。

那么，人们应该如何培养自己乐观的性格呢？首先人们应该保持对生命的热爱，拥有孩子般对生活充满期待的心。孩子会因为别人漫不经心的夸奖而开心，他们很容易满足，能够从很小的事情中寻找到快乐。所以，要想拥有乐观的性格，就要保持一颗童心。人们无法左右自己的年龄，但可以让自己的心态保持年轻；其次要知足常乐。生活中的事情不可能完美无瑕，如果人们学会满足，让自己在不完美中面带微笑，这样才能真正快乐，才能让自己的人生价值完美体现。乐观的人一般都会轻松地面对每天的生活，所以能够让自己的生活到处充满快乐；最后，人们应该学会放松自己的心情，不要为小事而烦恼，生命是有限的，不必将时间与精力浪费在烦恼之上。凡是取得成功的人都明白，遗忘那些不必要的小事是人生最大的智慧。

从某种角度来说，生活其实就是一种智慧的较量，乐观面对是人生最高的处世哲学。生活中不会缺少烦恼，也不会缺乏快乐，只要你乐观地面对一切，快乐就会把烦恼淹没。当人们乐观地面对困难时，可能会发现困难并没有想象中的可怕。所以，让乐观的性格陪伴自己度过一生吧！它会让你变成世界上最成功、最幸运的人。

6

果断的性格对人的一生尤为重要

北大作为中国乃至世界一流的大学，常年为学生们提供各种各样的培训机会。北京大学法学院曾经举办过一次果断力培训课，培训的主题是"果断力，共赢的艺术"。其实，果断力与一个人的自信息息相关，果断的性格可以使人拥有良好的沟通技巧。一个拥有果断性格的人可以利用自己的智慧百战不败。

果断的性格对一个人的生活能够产生重大的影响，比如在工作中，果断可以让一个人更具有领导力；在生活中，果断的性格可以让一个人做起事来顺风顺水。果断的人能够带给他人安全感与希望，更能使自己拥有较多的机会。相反，优柔寡断的人则会使问题变得更加糟糕。有人说："优柔寡断可以毁掉一个天才。"如果一个人没有果断的性格，做事犹豫不决，即便他拥有某种天赋，也很难取得成功。

第二次世界大战期间，有一天夜晚，美国的军舰停靠在一处隐蔽的港湾。那个晚上，天空晴朗，月亮闪烁着银色的光芒。有一名水兵正在执勤，他巡视着军舰，突然看到水面有一个东西，正从不远处向这边靠近。凭着自己的经验，他猜测到这很有可能是一枚触发水雷，只要一接触物体就会引爆。他马上将这件事情报告给舰长，舰长通知大家立刻警备，所有的人都骚动起来，因为他们知道灾难马上就要来了。全舰的人都在努力想办法逃脱险境，但是好多方法都行不通。这时，那名发现水雷的士兵大声喊道："将消防管拿过来。"其他人都不知道他要消防管道有什么用，在这紧急关头，所有人都迅速行动起来。那名士兵指挥全舰士兵向舰艇与水雷之间喷水，制造出一股水流将水雷推向了远方，然后用舰炮引炸了不在危险范围内的水雷。士兵们都欢呼起来，大家都知道正是那名水兵果断的性格拯救了所有人的性命。

在某些情况下，果断就是如此重要，如果你稍加怠慢，可能会陷入绝境。成功的人有一个共同点，那就是他们都善于把握时机，能够在最短的时间内对事情做出准确的决断。能够把握好时机的人，就能够更容易地取得成功。但需要注意的是，任何果断决定都来自于坚定的信念，而不是盲目的胡乱猜测。一个人无论有多么伟大的思想，如果他不去行动，把握不住时机，不能实现自己的理想，又有什么用呢？所以说，果断的性格是一个人成功的重要因素。

古印度有一个著名的哲学家，他外貌英俊，天性浪漫，很得女人心。一天，有一位美女找到他说："让我做你的妻子吧，不会有人比我更爱你啦！"虽然这名哲学家也钟情于她，但还是回应："让我再考虑一下。"女子走后，哲学家以他研究哲学的精神思考与该女子结婚的好处与坏处，还一条条地列出来，然而他分析了很久，发现利弊均等，这让他感到纠结，很难作出决定。最后，他总结出一条结论，就是人在难以取舍时，应该去尝试自己未经历过的事情，所以他决定与那个女人结婚。于是，他到了那个女子的家里，向她的父亲说："您的女儿呢？我已经想清楚了，我要娶她为妻。"女子的父亲冷漠地说："你来晚了5年，我女儿现在已经是孩子的妈妈了。"

哲学家由于没有当机立断，采取行动，最后导致自己错失了一段美好的姻缘。生活中有很多人在做事时，会像这名哲学家一样犹豫不决，不能果断地做出决定，所以只能让大好的机会溜走，最后一事无成。所以，人们应该培养良好的性格，让自己在处事中多一份果断，这样才能抓住每一次可以获得成功的机会。

果断性格的人一般都喜欢独立思考，不容易被他人的思想所左右，只要他们确定了一件事，就会义无反顾地去做。这并不是固执己见，果断的人也会听取他人的意见，然后做出最终的判断。

拥有果断性格的人会抓住身边的所有机会，当机会出现在他们面前时，他们绝不会犹豫不决，因为他们知道机会总是稍纵即逝。拥有果断性格的人常常会保持清醒的头脑，他们知道时机是多么重要，抓住它，就可能让自己取得成功；如果犹豫不决，必定会失去良机。在关键时刻，他们会把握住每一秒绝不拖拉。另外，性格果断的人也会谨慎行事，他们绝不轻率地做出任何一个判断，因为他们不允许自己陷入艰难的绝境。果断不是轻率，更不是武断，它是经过周密的思考后才做出的决定。

司马迁说过："当断不断，反受其乱。"当一个人处于混乱时，就应该果断做出决定，否则就会产生更大的混乱。所以，性格果断的人很容易就能拥有很美好的生活，因为他们把握住了生活中的每一个机会。他们对生活充满自信，能够勇敢地面对所有困难，总能用最准确的判断将自己的事业推向成功。因此，想要让自己的生活道路变得更加顺利，做起事来游刃有余，就让自己的性格变得果断而自信吧！

7
个性独立是天才的基本特征

有人说："独立、自由的风骨是北大的神秘代码。"北大从诞生起就彰显出了独立性。无论是对人还是一个团体来说，独立性是发展的根本。一个人在性格不独立的前提下，一切要求都是无源之水、无本之木。

德国诗人、思想家歌德曾说过这样一句话："我要做自己的主人。"一个人的一生总会面临着各种挑战，只有靠自己才能战胜一切，走向成功。虽然每个人的生命中都有自己的亲人、朋友与爱人，但是真正能够主宰自己命运的只有自己。每个人的人生都是由自己书写的，一个人的奋斗过程，就是其性格独立的表现，包括生存独立、思想独立、感情独立。独立性格是一个人的人生基础，只有养成独立的性格才能开始真正的人生。

作家刘墉为了使儿子养成独立的性格，锻炼儿子的生活能力，在孩子很小的时候，就让他在一所离家很远的寄宿学校就读，而且还告诉他只有自己实在没有办法时，才能打电话给父母。动物界中的父母训练孩子的行为更为残酷，母豹在小豹长大后，将其带到悬崖上，然后把孩子往悬崖下推。母豹是在残害自己的孩子吗？当然不是，它只是在磨练小豹独立生存的能力。在这个过程中，小豹为了不堕落悬崖，只能用幼嫩的爪子抓住悬崖壁上的石头，慢慢地往上爬。只有经历过这个考验，小豹才能在险恶的环境下生存下去。一个没有经历过磨难的生命是很难在未来的生活中立足的。虽然生活中会遇到各种各样的挫折与挑战，但是拥有独立的性格，就能够坚强地面对困难，顺利地走向未来。郑板桥曾经说过："流自己的汗，吃自己的饭。"这就是对人生的一种诠释，如果一个人不自己努力，谁也不能确保你的人生。所有人都应该清楚自己才是命运的掌握者，只有自己才能让自己走向成功，完成生命的价值。所以，一个人必须拥有独立的性格，不依靠家庭的庇护，不依赖朋友们的帮助，独立地走向自己的未来。

林丽从小就独立自主，当同龄的孩子都还在父母的怀里撒娇的时候，她已经学会为自己扎辫子了；当其他的孩子还需要父母送到学校时，她已经能够自己收拾好书包、独自上学了。林丽的爸爸是政府的工作人员，他常常告诫林丽："女孩要学会独立，不要总想着去依靠别人。自己要学会处理事情，失败了没有什么大不了的，重新开始就是最棒的。"从小，林丽就是一个爱美的女孩子，她一直有一个梦想就是办一家美容学校。她常常告诉自己"想做就做，凡事都要靠自己。"于是，刚刚18岁的她就只身去了香港，没有父母在旁，没有朋友的帮助，她带去的只有父亲亲手用毛笔写的两个字"独立"。她找到一家美容院，从做学徒开始，努力学习前辈们的美容技能。她一个人住在阴暗潮湿的地下室，没有任何可以交心的朋友，但还是乐观地面对着生活中的挑战，因为她明白自己所有这些艰难的日子都是在为自己的未来做铺垫。她坚信，一个性格独立的人没有什么不能实现的梦想。

六年后，林丽的梦丽莎美容学校成立了，她告诉自己这只是一个开始，因为她还要到国外去开办自己的分校。然而，就在她满腔热血地准备大展身手的时候，她学校的库房失火了，这场大火烧掉了她所有的商品，她辛苦建立的公司因此欠了大笔的外债。第二天，她同样收到了父亲的毛笔字"独立"，她含着眼泪笑了。不久，她重整旗鼓，很快就在第二年还清了所有的外债，并成功地在国外成立了第一家分校。当有人问她为何能够成功时，她只是用笔写下了两个字"独立"。

人们应该要学会独立自主，因为每个人的人生都是你自己的，父母将你带到这个世界后，你就是一个独立的生命，只有你自己才能完全拥有自己，支配自己，成就自己。你应该尽早地计划好自己的人生，没有必要依照他人的想法去做事情，因为只有你自己才清楚自己最需要的是什么。自己的事情要自己处理，而且也只有自己能够真正解决。凡事不要过于依赖他人，不能一碰到问题就想着别人的帮助，这样做只会让自己缺乏生活的能力，越来越没有生活的目标，从而变成一个只会依靠他人的"寄生虫"。人们学会处理好自己的每一件事，就能慢慢地培养出独立自主的性格。

不要忽略生活中的小事，生活中的任何事都可能是你人生的转折点，在做任何事情时都要认真地对待。因为大事都是由每一件小事所促就的，那些小事正是锻炼你独立性格的最佳途径。无论碰到什么事情都不要灰心失意，在挫折与困难面前，绝不要轻言放弃，要懂得为自己的未来铺路。人生只有一次，不可能重来，只有不断地努力奋斗，超越自己，才能让自己成为一个真正独立的人。在遇到难以解决的事情时，要不断地鼓励自己，不要轻易放弃自己，即使失败也只是暂时的，而且失败更是为以后的成功积累经验。失败后站起来重新出发，这样才能让自己拥有坚强独立的性格，也才能实现自己的梦想。

心理学家表示，任何人都应该拥有独立性，不然就是奴才。独立性不仅是个体自由的特征，更是一个人走向成功最重要的因素。为了让自己生活得幸福，拥有完美的生活，实现人生的价值，人们必须培养出自己独立自主的性格，不断地完善自己，使自己变得越来越独立。只有当你能够独立地面对自己的生活时，你才算是拥有了幸福快乐的人生。

8

你愿意征服一切吗？那么就让你自己服从理智吧

辜鸿铭在北大讲课时，曾经说过这样一句话："理智是一个人的才能，如果不能克制情绪，就不可能取得胜利。"是的，理智是所有人成功的基础，在追求成功的过程中，如果缺乏理智很有可能失去机会，因为没有理智的判断，很难辨别哪个是机会。拥有理智的人，总能给人一种安全感，他们能够冷静地对待一切困扰，所以很容易获得成功。

在生活中，一个理智的人总能得到很多人的崇敬与爱戴。拥有理智的人往往具有很高的情商与智商，他们运用理智的头脑，把握自己的尺度，在交谈中以理智为中心，因而能够得到大家的欣赏。理智的人注重思考，能够冷静地判断事物的发展，并用缜密的思维辨别是非黑白。人生是否能够取得成功，关键在于能否时刻保持理智、远离冲动，因为只有理智的性格才能使人立于不败之地。

2006 年，世界杯决赛中，法国著名球星齐达内在比赛的最后几分钟，冲动地用头顶撞对方球员而吃到红牌，最终使法国队败给对手意大利。齐达内为何要用头部冲撞对方球员呢？有人说是因为对方球员马特拉齐辱骂了他，所以齐达内立即失控，做出了违规的行为，被判红牌，结果他的离场使法国队失去了精神支柱，其他队员的情绪也因此受到打击，失败似乎不可避免。很多人都不明白齐达内为什么会在这么重要的时刻，做出这么令人不可思议的行为。其实，这就是不理智的表现，失去理智的人常常会做出伤人伤己的事情，导致出现无法弥补的后果。

事实上，理智是一种胆识，一种智慧。拥有理智的人能够取得成功主要是因为他们能够在危险的情境中镇定地思考，不会因为惊慌失措而采取错误的选择与行为。理智可以提高一个人的能力，起到威慑敌人的作用，让对方产生疑虑、敬畏，甚至恐惧的心理，这样就能从心理上制服对手，达到不战而胜的效果。

1897年，列宁被俄国沙皇以损坏国家利益的罪行流放到了西伯利亚。西伯利亚是一个荒凉的远东国家，但是无论环境多么艰苦，列宁都坚守着自己的信念，依然秘密地从事着革命活动，并与分布在各地的社会主义革命者保持着频繁的联系。沙皇当局也一直对列宁的生活严密监视，警察与宪兵多次突击搜查列宁的住处，但是列宁凭着自己理智的性格屡次化险为夷，表现出了冷静与淡定的智慧。

一天晚上，有一群沙皇警察野蛮地闯入列宁的住处，他们要对列宁的房间进行全面搜查，面对着突如其来的危险，理智的列宁并没有自乱阵脚，而是从容不迫地给警察递上椅子，让他们站在椅子上，从柜子的上层开始搜查。那些警察们也不由自主地接受了列宁的安排，爬上椅子开始从上而下地开始搜查。刚开始时，他们搜查得很认真，每一份资料都仔细地阅读，不想错过列宁同革命者联系的蛛丝马迹。但是，随着时间一点点地过去，他们看着那一叠叠的统计资料，头昏脑胀，最后终于失去了耐心，在查看最后几层的抽屉时，只是拉开抽屉翻了几下就关上了，最后这些沙皇派来的警察们一无所获地离开了。但他们不知道的是，列宁与革命人士来往的最重要的信件恰恰都放在了最底层的抽屉里。

一个具有理智的人往往能够成为最成功的人，列宁就是最好的代表。如果列宁没有理智的思维，就不可能冷静地递给警察椅子，警察们肯定会按一般人的做法从底层开始搜查，那样列宁的所有秘密文件就会被发现，那么列宁所引领的革命活动不知会变成什么样子。心思缜密的列宁知道，人们在做事时，刚开始会很认真、仔细，但是时间长了，做着重复的事情就会失去耐性，列宁正是考虑到了这一点，才成功转移了警察的注意力。可见，在关键时刻，能够理智地思考分析，将会给问题带来很大的转机。

古希腊哲学家亚里士多德表示，理智的人通常都是具有辩证思维的人，他们会竭尽全力地对事物进行全面的分析，以此来避免自己在遇到这些事物时犯错误。性格理智的人可以在危险中保持冷静的思维，主要是因为他们会对事物的发展进行准确的判断，而且能够采取最好的解决方法。

拥有理智的人拥有很多优点，他们不急不躁、思维缜密、时常反省，这种性格对他们的生活和工作带来的裨益是不容忽视的。所以，人们在生活中要尽力使自己遇事理智，这样才能让自己的性格得到完善，才能让人生按照自己心愿进行下去。

大量事实证明，一个容易冲动、情绪化的人总是将事情搞得很糟糕，同时这样的人又不能理智地面对失败，很难再从失败中爬起来继续前进。他们认为，失败与挫折就是他们的命运。而那些头脑清醒、理智的人一般都能客观地面对事实，从失败中获取经验，从危险中寻找机遇，终会反败为胜。所以在生活中，人们只有保持冷静的头脑，才能在任何情况下不惊慌失措、大乱阵脚，即使周围的人对你指手画脚，也能运用准确的判断力让自己顺利地越过任何困难与挫折，最终成为他人心目中出色的人物。

古罗马哲学家、雄辩家塞涅卡曾经说过："你愿意征服一切吗？那么就让你自己服从理智吧！"的确，理智性格可以改变一个人的一生，可以让他拥有很多的朋友，并能在事业上取得很大的成就。所以，人们应该培养理智的性格，为成功打下坚实的基础。

第八章

【情绪正能量】
北大教你负面情绪如何变身正能量

情绪往往决定一个人的行为，所以，生活中的个体拥有怎样的情绪很重要。因为不同的情绪可能会给一个人的生活带来完全不同的结果。一个拥有正能量的人，积极乐观，在遇到困难和挫折时，不畏惧、不埋怨，充满自信、百折不挠地向前冲。因此，这样的人成功的机会比较大。一个有着负能量的人，往往表现出胆小、自卑、消极不主动，在遇到困难和阻碍的时候，会怨天尤人、不能坚持，从而失去成功的机会。一个人拥有怎样的能量是可以改变的，特别是有负能量的人，一定要懂得将那些负面情绪排除，因为一个人长期处于负面情绪中，会失眠焦虑、精神不振、注意力不集中，影响正常的工作和学习，甚至还会给身体和精神带来伤害。所以，必须合理适当地宣泄这种情绪；适当调整心态和人生的阶段性目标，调整人生观、价值观和爱情观，改变生活方式和工作环境。从而，让自己在生活和工作中都充满积极的正能量。很多成功人士的人生经历，都能证明一点，那就是他们拥有乐观、积极、执著坚韧的个性，这些都决定了他们在生活和工作中，因正面情绪占主导带给他们的勇于进取、不畏艰难、不气馁的奋斗精神，所以，他们在不断的积累中，使事业越做越大。

1

北大学子如何化解消极情绪，汇聚积极正能量

每个人在生活当中都会出现消极情绪，而消极情绪对于人们的工作和学习而言，势必会带来不良的一面。情绪是决定身体行为成功的可能性乃至必然性，所以，一个人情绪的好与坏，决定着工作和生活的质量。那么，如何避免消极情绪的产生和减少它出现的频率呢？

毕业于北京大学的俞敏洪曾说过这样的话："生活中其实没有绝境，绝境在于你自己的心没有打开。你把自己的心封闭起来，使它陷于一片黑暗，你的生活怎么可能有光明！封闭的心，如同没有窗户的房间，你会处于永恒的黑暗中。但实际上四周只是一层纸，一捅就破，外面则是一片光辉灿烂的天空。"拿破仑也曾说过："人与人之间只有很小的差异，但是，这种很小的差异能造成很大的差异。很小的差异就是积极心态和消极心态，巨大的差异就是成功和失败。"事实上也的确如此，但凡成功的人士，都具备积极的一面，而那些失败的人，却总是沉迷于消极的一面。

一位国王，夜间睡觉的时候做了一个梦，梦见山倒了，水枯了，花也谢了。第二天醒来，便让王后给他解梦，王后听完国王讲述的梦，大惊失色道："国王，大事不好了！山倒了，是指江山要倒啊；水枯了，是指民众离心了，君是舟，民是水，水枯了，舟自然不能行啊；花谢了，是指好景不常了。"国王一听，惊出一身的冷汗，从那天起，国

王的精神大不如从前，而且身体越来越虚弱，最后竟然病倒在床上。一天，一位大臣来参见国王，见卧病在床的国王，神情疲倦气色极差，便向国王问其缘由。国王在病榻上说出了自己的心事，这位大臣听后，笑着说："国王啊，这可是好兆头啊！山倒了，是指从此天下太平了啊；水枯了，是指真龙现身，国王您就是真龙天子啊；花谢了，就是说要见果子了。"国王听后，心情豁然开朗，不久病愈。同样是一个梦境，两种解释引发了两种心态的产生，同样带来了两种截然不同的结果。其实，这种现象在心理学中早有解释，王后与大臣对梦境的解释，各自给了国王一种心理暗示，王后的解释因为是消极的，所以国王就出现了那样的行为，而大臣的解释恰恰相反，是一种积极的心理暗示，这种心理暗示带给了国王积极的情绪，从而使得国王在良好的心境下，身体自然康复。

生活中，当人们遭遇挫折时，多给自己一些积极的心理暗示，消极的心态就会避而远之了。

曾就读北大的周光召院士说："人生是在一个多变而又偶然性的外因和自身的内因作用下，不断选择和奋斗的过程。面对挑战，快速应对，抓住机遇，正确抉择，坚持奋斗，是取得成功的要素。"周光召院士还与北大校友分享了巴丁的故事。

1908 年 5 月 28 日，巴丁出生于美国威斯康星州，并在那里度过青年时期。当时美国正处于快速崛起时期，为了将来容易就业，巴丁选择了学电工。而且为了了解电工在实际工作中的应用，他主动到西方电器公司实习了一学期，并因此延迟一年毕业。1930 年，由于美国经济大萧条，巴丁想到美国电话电报公司工作，但申请没有通过。于是，他去了海湾石油公司，巴丁在那里工作了四年，从事地质勘探，虽然学非所用，但他并没有闹情绪，而是利用原来的电工知识踏实工作，很受管理者的赏识。他知道一个人既要有理想和追求，又要面对现实，面对各种困难和挫折，他从不气馁，而是抓紧时间学习，等待机会。由于对物理和数学的浓厚兴趣，巴丁放弃了工资优厚的工作，自费到普林斯顿大学攻读物理博士学位。1938 年秋，巴丁获得了普林斯顿大学助教的职位。

后来，约翰·巴丁因为在晶体管和低温超导两项伟大发现中的贡献，成为两次获得诺贝尔物理学奖的科学家。他在晶体管领域的成就完成于贝尔实验室。

通过朋友推荐，约翰·巴丁与实验物理学家 Walter Brattain 相识并很快成为好友，两人相互欣赏和喜欢。1947 年，因为仪器进水，巴丁在清洗过程中，偶然发现仪器浸泡在电解液中，会观察到更强的光电效应。之后的一个月，约翰·巴丁与实验室的同事们继续尝试了各种材料和结构，经过多次试验，双晶体管的器件诞生。但在公布这一研究成果的时候，巴丁和 Brattain 被冷落，后来实验室的领导者利用自己的行政权力，不让巴丁和 Brattain 参与晶体管的后续研究工作，以保持自己在这个领域的最高权威。在遭受排挤后，巴丁离开了贝尔实验室，到了伊利诺伊州大学，在那里，拿到了人生中第二个诺贝尔物理学奖。

周光召说："巴丁的人生经历告诉我们，首先是要有一个正确的人生观和价值观，在有意义的事情上，坚持做下去。人的一生会遇到很多偶然发生的事情，要学会适应，人不能闹情绪，闹情绪就把时间浪费了，要不断争取，要乐观、自信。"巴丁不论是最初学非所用，还是之后在物理学研究过程中遭受不公平的对待和排挤，都没能失去对事业执著追求的精神，这是因为他拥有正确的人生观和价值观，因此能够冷静面对那些问题，而没有因此抱怨、懈怠，消极工作。

人生中碰到麻烦和痛苦，是在所难免的。台湾作家柏杨，1979年因为"美丽岛事件"被捕入狱，直到 1985 年才被释放出来。在监狱中生活了五年，柏杨从一个"火爆浪子"变成了"谦谦君子"，在他身上过去的那些尖锐、激进不见了，更多的是理性、温和，就连他周围的人都说："现在的柏杨很有同情心，也知道替别人留余地，不像以前，总是那么火辣辣的。"柏杨说他曾经也是满腹怨恨，那段时间，经常失眠，半夜醒来的时候都是恨得直咬牙，这样的日子大约持续了一年。后来，他意识到继续这样下去是绝对不行的，否则，不是闷死，就是被自己折磨死。于是，他强制性地驱赶心中那些消极情绪，大量阅读历史书籍，一部《资治通鉴》就先后读了三遍，从这些历史书籍中他领悟到，历史是一条长河，个人不过是其中微不足道的一点，他了解了一件事：生命的本质本就是苦多于乐，每个人都在成功、失败、欢乐和忧伤中反反复复地度过，只要心中常保持爱心、美感和理想，挫折反而会成为一个人向上的动力，甚至会成为一种救赎的力量。

当一个人真正了解了生活的不完满，也就会把人生中遇到的麻烦和苦恼看得没那么严重了，知道生活并不是永远的和顺，便不会因此绝望或消沉，那么消极情绪也就自然化解了，取而代之的是内心积极向上的情绪，拥有了积极的情绪，做起事来自然有信心、有热情，也更容易获得成功。

2

性格决定命运，情绪决定行为

心理学家荣格曾说过："性格决定命运。"内心总是充满消极情绪的人，不主动、不自信，做事情的时候总是否定自己，这样自然会导致失败。而拥有积极情绪的人，内心充满着积极向上的正能量，这样的人对生活充满着热情和信心，做起事来自然更容易获得成功。

北大教授金克木，初中一年级就失学了，然而，他在之后的岁月中，凭着自己的努力奋进成为一代梵学大师。1930 年，金克木来到北平求学。1935 年在北京大学做图书管理员，在此期间，他利用一切机会博览群书，靠着自学掌握了多门外语，并开始了翻译和写作，担任过武汉大学哲学系教授、北京大学东语系教授。1941 年，金克木经缅甸到印度，在加尔各答游学，还兼任《印度日报》及一家中文报纸编辑，同时学习印度语和梵语。

金克木曾经到过佛教圣地鹿野苑，在那里"住香客房，与僧徒伍，食寺庙斋，批阅碛砂全藏"。也是在那时，他向乔赏弥学习梵文和巴利文，开始了对梵学的研究。熟悉金先生的人都知道他有一颗童心，对一切新鲜的东西，总是充满着好奇，他是一个敢于追求新事物的人。20 世纪 80 年代，金先生虽然已年近七旬，但依然涉足一些国际人类文化学的新学科，如比较文学、民俗学、语义学、信息美学等。当国内还很少有人提及诠释学和符号学的时候，他就已经开始撰文介绍，并把它们用于研究中国文化。对于他这种博学杂览的特点，陈平原先生评价说："他是以'老顽童'的心态与姿态，挑战各种有形无形的权威——包括难以逾越的学术边界，实在妙不可言。"

在语言方面，金克木先生可以说是绝世罕见的奇才，他不仅精通英语、法语、世界语、德语，还精通梵语、巴利语、印地语、乌尔都语等各种外国语言文字。金先生学贯东西，博古通今，难怪有人说他是"钱钟书先生去世后，中国最有学问的人"。虽然金先生是人文学者，但他的自然科学素养也不低。他对天文学就很感兴趣，不仅翻译过天文学的著作，还发表过天文学的专业文章。20世纪30年代，戴望舒因为非常欣赏金克木的作品，硬是将当时痴迷于天文学的金先生拉回到文学。为此，金先生还颇感遗憾，并在一篇随笔中怅然写道："离地下越来越近，离天上越来越远。"

可以说，金克木先生一生都是以好奇、热情、积极的心态去面对这个世界，孜孜不倦地探索。正如陈平原先生所言，金克木先生之所以能在学术上取得如此不俗的成绩，正因这种对世界有着无限好奇的童心。金先生在晚年的时候，谈到他在北大图书馆的经历，做出了这样的总结："我当时这样的行为纯粹出于少年好奇，连求知欲都算不上，完全没有想到要去当学者或文人。我只想知道一点所不知道的，明白一点所不明白的，了解一下有学问的中国人、外国人、老年人、青年人是怎么想和怎么做的。"没有任何功利之心，金先生只是凭着一颗对世界充满好奇的心，然后全心投入、探索，成就了后来的非凡成就。其实，这就是一种难得的正能量的情绪支配下的行为造就的结果。在他的内心中，只有因对各种事物好奇产生的强烈求知欲，日复一日、年复一年，知识的积累改变了他生命的质量。而这种改变也让他的思想和人格闪耀着越来越迷人的光辉。

心理学家布勒曾说过："单纯的童心，充满着好奇，因此它快乐并支持着人类探索的欲望。"人应该无所求，只凭着一颗单纯的心，做自己喜欢的事，做好它，而对外界的需索少一些，便会多一分内心的安宁与满足，无所谓失与得，便不会产生消极的情绪；人应该有所求，世界很大，也很精彩，需要带着一颗关怀世界的心，去了解它，去研读它，定会有所收获，而且会因此获得无尽乐趣。一个人拥有一颗好奇的探究世界的心，他的生命就一定充满着积极的、热情的正能量。

拥有正能量的人和拥有消极情绪的负能量的人，生活在他们眼中的差别就在于：对于一个装了半杯水的杯子，拥有正能量的人看到的是半杯水，而拥有负能量的人看到的是半个空杯子。其实，无论你怎样看，那都是装了一半水的杯子，不会以你的意志为转移。

拥有正能量的人坚信自己的信念，拥有人生的目标，知道自己的所需并不断为之努力，他们懂得变化会给自己制造另一种进步的机会，他们知道山丘后面会有更美丽的风景。其实，每个人都有疲倦的时候，而拥有正能量的人，会时时调整自己的内心，让自己经常处在积极的情绪下，给自己信心和勇气，去克服生活、学习和工作中遇到的各种阻力和困难。对于战胜困难，拥有正能量的人认为那是一种挑战，是激发自己更大热情的迸发，所以，内心充满正能量的人会以战无不胜的信心去面对挑战。

胡适曾说过："朋友们，在你最悲观失望的时候，那正是你必须鼓起坚强的信心的时候，你要相信：天下没有白费的努力。成功不必在我，而功力必不可捐。"这句话就充满着正能量，胡适之所以成为一代知名学者、大师，与拥有这样的正能量有着必然的联系。所以，一个人拥有正能量是极其必要的，因为它能带来成功、自信和快乐。

3

不要因为别人的批评而影响自己的情绪

美国心理学家卡耐基先生曾说起自己早年间的一件事情，他说很多年前他所办的成人教育班和示范教学中，多了一个从纽约《太阳报》来的记者。这个记者对卡耐基很不留情面，总是攻击卡耐基和他的工作。当时，卡耐基非常生气，认为他这样做是对自己极大的侮辱。于是，卡耐基便打电话给《太阳报》执行委员会的主席古斯季塔雅，要求他刊登一篇文章，说明事实真相，不能这样嘲讽自己。当时，卡耐基一心想让犯错的人受到应得处罚。

可是，卡耐基后来常常为自己当时的举动感到惭愧，因为现在他已经了解到一个事实，那就是：买那份报纸的人大概有一半人不会看到那篇文章；而看到那篇文章的人，又有一半会把它当成一件微不足道的事情；而真的注意到那篇文章的人，可能又有一半在几个礼拜后就把这件事给忘得一干二净了。卡耐基由此得出一个重要的结论：虽然你不能阻止别人对你做任何不公正的批评，但你可以做一件事情，就是不要让自己受到那些不公正批评的干扰。

的确，有些批评是善意的、合理的、公正的；而有些批评完全出于偏见、歧视和不公正合理的。那么，如何面对批评，也是考验一个人是否能够控制自己的情绪不受外界干扰的能力。

史密特理·帕特勒少是统帅过美国海军陆战队的一名将军，他年轻时特别渴望成为最受欢迎的人，渴望得到每一个人的喜爱，那时，一句批评对他来说都是很难接受的。在海军陆战队的三十年，让他变得越来越坚强。他说："我多次遭到别人的责骂和不公正的批评，那时觉得很难受。可是，现在听到有人背后指责或批评我，我甚至头都不会调过头去看一看说我的那个人是谁。"

地产界赫赫有名的潘石屹在面对批评的时候，也是一个能够做到泰然处之的人。演员宋丹丹在微博中批评 SOHO 的建筑"太难看"，而潘石屹面对宋丹丹的批评时很平静，他说："对于城市建筑，每个人都有不同的看法，也许不同于摆在家里的艺术品，建筑处于众目睽睽之下，就是要允许所有人品头论足。"潘石屹面对批评不急不躁，内心依然坚持自己做事的原则。但凡一个成功人士，自有他成功的道理。诚然，每个人的个性不同，对外界带来的刺激会有不同的反应，但是，一个可以控制自己情绪的人，不被情绪左右，做起事来往往会更容易成功一些。

北大校长蔡元培曾说过："兼容并包，思想自由。"这句话中透露着"倾听来自各方不同的声音，允许他人的批评"的意思。"有容乃大"，面对批评"有则改之，无则加勉"，这些都体现了一个人的胸怀，"虚怀若谷"之人自然乐观宽容，内心的正能量强大，因此，也一定不会被别人的指责和批评影响到自己的情绪。

4

心理学教授教你排除负面情绪传递正向能量

心理学家称，大约有 15%~20% 的人有情绪障碍、心理困扰，比如紧张、焦虑、悲伤、痛苦等，这些情绪心理学家称它是负面情绪。人们之所以重视这个问题，并加以研究，是因为这种情绪的体验是不积极的，身体也会伴有不适感，甚至会影响到工作和生活的顺利进行。更值得注意的是，它可能会引起身心的伤害。

在心理学上，有一个情绪化定律：人们都是情绪化的。即使有人说某人很理性，其实，当这个人很有"理性"的时候，也是受到他当时情绪状态的影响。"理性的思考"本身也是一种情绪状态。所以，人在任何时候的决定都是情绪化的决定。既然这样，在正面情绪支配下和负面情绪支配下所做的事情，可能就会产生截然相反的两种结果。

在一次单位集体体检中，一个粗心的医生，将两个病人的诊断报告弄错了。原本没有癌症的病人，拿到错误诊断报告后，一下子精神就垮掉了，整日处在极度的伤心、恐惧和焦虑的状态中，情绪十分不稳定。没过多久，在医院的再次检查中，果然发现了癌症。而那位本来有癌症的病人，由于拿到了没有癌症的诊断证明，情绪一下子好转起来，心情愉悦，病情也渐渐好转。可见，负面情绪对人的身心伤害很大，将其排除，十分有必要。

北京大学著名心理学家唐登华认为，负面情绪不仅困扰着生活，还会使人的认知能力下降，致使决策失误风险增加、人际关系问题增多、家庭失和，而且还会降低人的免疫力，导致身体疾病的产生等，使生活质量直接降低。那么，如何缓解这些负面情绪呢？唐登华认为：首先要勇于面对这些负面情绪，因为生活中不可能事事尽如人意，有不良的情绪反应也是正常的。如果一个人不能面对和接受自己的情绪反应，则情绪反应的程度就会加大，而一个能接纳和处理好自己的情绪反应的人，他的心理压力就会较小，只要保持积极的行动，那些负面反应就不会将人们击垮，从而使人们能够勇敢面对生活中出现的阻碍和烦恼。因此，人们应该不断地给自己一些正面的情绪暗示，久而久之，内心积蓄的正能量就会越来越多。

生活中，每个人都难以避免遭遇挫折和打击，有些人从此会一蹶不振，而有些人却能寻找办法走出困扰，摆脱负面情绪对自己的侵害。

世界最著名的女冒险家奥莎·强生，15 岁结婚。25 年来，与丈夫携手周游世界各地，拍摄亚洲和非洲逐渐绝迹的野生动物的影片。九年前他们回到美国，到处做旅行演讲，放映他们那些有名的电影。然而，他们在飞往西岸时，飞机失事，她丈夫当场身亡，医生们说她永远不能再下床了。三个月后，她却坐着轮椅发表演讲。当人们问起她为什么这样做的时候，她说："我之所以这样做，是想让我没有时间再去悲伤和担忧。"

奥莎明白负面情绪将会对自己造成怎样的影响，所以，她利用繁忙的工作来驱赶负面情绪对自己的干扰，使自己能够战胜人生困境，获得新生。英国心理学家韦斯曼曾花大量时间，对上千名经历过幸与不幸的人进行研究，最后他惊讶地发现，运气是一种心境、思考和行为模式，一个人的态度或想法会决定他是好运或歹命。因此，他在《幸运的配方》中建议碰到烂事的人，要先在垃圾中挖挖宝，"想一想事情本来有可能更糟，这不幸的事是否真的那么重要？想一想还有比自己更倒霉的人，这些都足以让自己对目前的境况释怀。"韦斯曼还发现，好运的人会看得比较长远，遇到坏事不气馁，甚至愿意相信，那是上天在利用这个踏脚石，给自己带来更大的好运。例如，没得到这个工作，也许是有更好的工作等着自己。其实，再幸运的人也会遭遇到挫折，他们或者也会哭泣，但最重要的是，他们会很快把那些不如意或厄运抛在脑后。用工作学习和娱乐，或回想一下曾经发生在自己身上的幸运之事，给自己正面的感觉，重新找回生命的正能量。

　　事实上，有很多心理学家给出了诸多排除负面情绪的方法，但韦斯曼建议，人们别在一开始就认定自己对整个局势无能为力，要下定决心采取行动。然后，列出可能的解决选项，并满怀激情地付诸行动。成就事业需具备良好的个人素养，人们更应该让自己生活得快乐，因此，培养良好的心态，消除负面情绪的影响，让生命充满正能量很有必要。

5

为什么偏执狂更容易成功

　　成功学大师卡耐基曾说过："只有偏执狂才能成功。"事实也证明了这句话有一定的道理，因为人类历史上偏执狂式的成功者很多。

　　米开朗基罗是文艺复兴时期的意大利雕刻家、画家，在他未成名时，创作条件十分艰苦，一日三餐仅凭几片面包充饥，清晨他从商店买回面包，吃一个当早餐，把剩下的揣在怀里，然后，就爬到高高的梯子上开始工作，饿了就啃几口面包吃，直到完成工作，才从上面饥肠辘辘地下来。在他进行创作时，就算家里着了火，他都不会离开工作。而且，他无法容忍自己的作品有一点瑕疵，一旦发现，就会放弃整个作品，重新开始创作。米开朗基罗最终成为了历史上最优秀的雕刻家之一。

　　米开朗基罗原来并不是一个偏执的人，但随着从事雕刻工作时间的增长，他就变得越来越无法与人沟通。他在创作的时候，只要有一个人在场，就会将自己的创作情绪打乱。所以，他必须要有一种与世隔绝之感，才能进入到激情澎湃的创作状态。

　　对他而言，最大的痛苦不是创作不出满意的作品，而是需要为生活琐事忙碌。

　　他以前并不是一个追求完美的人，但后来，他渐渐地变得无法忍受作品中有一点瑕疵，并愿意放弃原来的创作，重新挑选石料，重新雕塑。因此，他留下来的作品才会那么少。

一天早晨，米开朗基罗很早就出门了。走到斗兽场附近时，遇见了城里教堂中的主教。主教不禁问道："这样的鬼天气，您这样的高龄，怎么还出门啊？"他回答说："上学院去，想再努一把力，学点东西。"那时的米开朗基罗已经是一位高龄老人，在那样寒冷的冬日，当学院的学生们还在温暖的房间酣睡时，他已经推开了结着冰花的工作室的门……

很多人羡慕别人的成功，那么，如果仔细思考一下自己难以成功的原因，是不是就会发现自己似乎正是缺少了这样一种偏执的状态。一个人只有对自己所要成就的事业的追求能够达到偏执的程度时，才能够忽视一切干扰，克服一切困难，实现自己的梦想。偏执来源于热爱，那种疯狂的热爱。如果你不够偏执，只因为喜欢得还不够深。偏执者之所以能够获得成功，不仅只是因为他们的毅力，更在于偏执者对他们所钟爱事物的那种不达目的誓不罢休的勇气和信念。

诺贝尔在研究炸药过程中，弟弟被炸死，父亲被炸残，而他依然没有放弃对炸药的研究，终于获得成功。这样的"坚韧、执著"也称得上是一种偏执。

心理学家分析，偏执的人能够获得成功，是因为他们都有一种不妥协、不放弃的精神，一旦认定要做某件事，不管对或错，必会坚持到底，而且，期间充满必胜的信心。所以，在不管"对或错"的过程中，他们屏蔽掉了正常人给自己找借口推脱的风险，一直坚持到底。"偏执"具有极其坚韧的意志力，它能够推动一个人在孤独地承受外界非议的同时，还能不断向目标迈进。这种内在的驱力很强大，甚至可以与一切外在的因素相抗衡，最终改变整个世界的运转轨迹。

西班牙超现实主义画家达利也是一个偏执狂。他曾说："我对黄金的热爱是不会改变的，爱美元和黄金并不是罪过。在工作了一天之后，只有收到一张大额支票才能睡好觉。"达利在哈佛大学演讲时称："我与疯子最大的不同是我没疯。"而了解他的人都知道，他在创作绘画时几乎处于一种疯癫状态，为了能让潜意识心灵产生意象，他诱发自己的幻觉境界，在他所描绘的梦境中，这种做法使他的画风迅速成熟。他以一种不合理的、稀奇古怪的方式，将普通物像并列、扭曲或变形，几乎做到了毫发不差的逼真程度。他的这种充满表演欲的天性和特立独行的疯狂表白，使得他获得了公众的强烈关注，并达到了事业的巅峰。

达利认为，人们应该培养真正的幻想，像临床的妄想狂一样，而受理性控制的人的精神背后，仍然保留着一些剩余意识。而这些剩余的意识，可以使人处在静态之中。他常常故意放任自己的怪癖行为，比如在 1936 年伦敦超现实主义画展的开幕式上，他就是穿着一身潜水服出现在那里的。其实，他这样做的原因，无非是为了创作，他希望自己常常能处在创作的意境中。这是他对艺术的一种疯狂热爱造成的，如果没有这种热爱、这种偏执也不会形成他独一无二的绘画风格。

人们常喜欢说："心想事成。"而若真正地"心想事成"，人们就应该将心想之事贯彻始终，并切实地付诸于行动，坚信一定可以实现，不受外界的任何干扰，只有这样才能离成功不会很远。

一个相貌丑陋、有着蹩脚南方口音的美国人，一生充满了坎坷和不幸。他有过短暂的婚姻，最后又遭人枪杀，虽然一生中只有过一次成功，但就是这次成功让他帮助了很多人，这个人就是美国前总统亚伯拉罕·林肯。林肯生于一个贫寒家庭，一生都在面对挫败，八次选举八次失败，两次经商两次失败，但他没有选择放弃，正是因为他的坚持，才能够成为美国的一代总统。在竞选参议员失败后，他曾说："这条路破败不堪又容易滑倒，我一只脚滑了一跤，另一只脚也因而站不稳，但我回过气来的时候告诉自己，没关系，这不过就是滑了一跤。"

在遭遇命运不公平对待的时候，越能展现出顽强生命力的人，就越能取得成就，因为那种顽强不服输的信念，会让他更执著地去追求自己热爱的事物，并牢牢抓住自己的梦想，一刻也不肯放松，所以，才会产生无穷的动力。而这种执著就是誓不罢休，是一种偏执。偏执狂是热情的，他们的偏执使得自己的生命更有意义；他们是快乐的，因为沉浸在自己的世界中；同样他们也是最有力量的，因为他们会拿出远超于别人的努力，凭借着百折不挠的斗志，去追求自己的梦想，使自己的雄心得以实现。

偏执狂，实际上就是对自己认定的目标执著、不放弃。北大地质系教授李四光，也是一个执著的科学工作者。有些外国人对中国的冰川进行过考察，断言"中国没有第四季冰川"，对外国专家的断言，李四光的回答是："让事实说话。"冰川的分布是研究地质构造的重要依据，李四光对冰川的研究付出了极大精力。1921年，他回国后在太行山的沙河县、山西大同盆地口泉附近发现了第四季冰川的遗迹。虽然这一发现遭到了外国专家的否认，但他没有丧失信心和勇气，而是继续带领学生在太行山、九华山、天目山和庐山等地考察，陆陆续续地又发现了许多有力证据。为了对第四季冰川加紧考察，为了进一步探讨地壳表面各种痕迹的规律，李四光不畏艰险，几次横渡长江，跨越秦岭、南岭，亲自勘探测量，实地观察地壳构造，先后在扬子江流域、黄山等地发现了大量遗迹，最终推翻了外国人的结论。他的研究成果对掌握地下的水文和构造，对发展地质事业起了十分重要的作用。

当初正是因为李四光的偏执和对自己坚持的信念不懈的追求探索，才发现了"中国第四季冰川"的遗迹和有力证据。做事业需要有这样偏执的劲头，需要这样坚持做下去的决心，因为只有这样才能达到痴迷忘我的程度，如此，离成功也就不远了。如果人们在羡慕他人成功的同时，能够看到这一点，对自己的理想和追求，更多地投入这样一种百折不挠的偏执态度，相信也会有成功的一天。

6

"争取意识"是一个人性格中积极的潜在能量

新东方的俞敏洪在谈到自己时，曾提到了他的母亲。他曾经两次高考失败，他说自己那时只想到常熟师范学校读大专，但由于英语成绩很差，结果高考落选。就在他几乎准备放弃的时候，县政府办了一个补习班，请来了一位曾经培养出北大学生的老师来给学生补习英语，俞敏洪由于成绩差，而未能获得进入这个班的机会。后来，他母亲知道了这件事，竟然找了从教育局到江阴一中的所有相关人员，给儿子求来了一个学习的机会。俞敏洪说，他母亲从城里回来的时候，正好下着大雨，从城里到农村都是小路，十分难走，一路上她摔倒了好几次，回到家时浑身是泥。当俞敏洪看到母亲一身泥水的样子时，心中就产生了一种强烈的感觉，第二年自己一定能考上大学。所以，进了补习班后，俞敏洪一改往日的自卑，被选为班长，并在这一学期里努力勤奋地学习。俞敏洪说："当你觉得拼命是一种快乐的时候，你的学习成绩不可能上不去。"第二年高考，俞敏洪总分和英语分数都超过了北大录取分数线。

俞敏洪迈向成功的第一步，可以说是他母亲为他争取来的补习机会，而这是他考入北大的一个至关重要的因素。

北大毕业后，俞敏洪留校当了老师。在北大任教期间，他身边的朋友和同学大多留学到美国和加拿大。虽然俞敏洪心里也有些落差，但未流露。不过，他还是为出国做过努力，曾经接到过七八所大学寄来的录取通知书，但最终都因为经济原因没能出去。后来，因为他考过了托福和 GRE，就参与了一所民办的英语讲课辅导，这件事被学校知道后，给了他严厉的处分，使他一下子成了"校内名人"。由于在外面讲课挣的工资高，最后，俞敏洪经过考虑，毅然离开了北大，自己创业。

在新东方创建之初，为了宣传，俞敏洪常常在电线杆上贴招生广告，结果被居委会大妈一个个抠掉。当俞敏洪明白这是不恰当的做法后，就带着人把自己贴的广告全部抠掉，居委会的大妈觉得他人挺实在，于是帮助他们把广告贴到广告栏里。到了 1993 年的时候，俞敏洪的学生越来越多，而其他的英语培训机构的学生越来越少。后来，每到俞敏洪在广告栏贴广告的时候，就总有人在旁边等着撕他们的广告。有一次，他的一个员工甚至因此被人用刀子捅进了医院，俞敏洪只好向警察求助。当时来了六七个警察，俞敏洪不知道该说什么，就一杯一杯地喝酒，不到半小时的时间，就喝了一斤多五粮液，结果被送进了医院，差一点丢了性命。一位警察在病房中和他说，只要他不做违法的事，在海淀区，新东方不会有任何问题。就这样，在民警和教育局的协调下，新东方在广告栏中有了一块自己的地方，虽然，那只是广告栏下面的不起眼的一个角落。

为了更好地办学，后来，俞敏洪开始做免费讲座，因为这样的宣传方式别人无法模仿和阻挠。第一次讲座，他预计能来 50 人，于是就租了一个小学教室，没料到却一下子来了 500 人。没办法，俞敏洪只好将学生叫到操场上，在外面给学生们讲了一个半小时的课。

新东方在刚刚起步时，虽然经历了许多波折，但俞敏洪在事业起步艰难的情况下，克服一切苦难，争取一切展示自己教学优势的机会，使得新东方被越来越多的人认可。

"争取"是一个人性格中积极的一面，一个人只要目标正确，为自己创造一切可以展示的机会，就有可能取得成功，这是支持人生走向成功的一种情绪的正能量。常言道："讷于言而敏于行。"不管心中有什么样的理想和愿望，如果不去为之积极地争取，那么，一切皆是空谈。

从俞敏洪成长的历程看，他母亲当年的争取，是改变他人生的第一步，而有了这一步后，才有了他之后的争取和改变。

这个世界上失败的人有两种，一部分人是因为没有目标，浑浑噩噩地混日子，另一部分人是有了目标，但不去争取，结果错失良机，半途而废。自信、执著、争取，这些是人们想成就一番事业必须具备的东西，它们是生命的正能量，只有拥有这种正能量的人，才能不畏困难艰险，积极地去行动，从而让自己有更多的成功机会。

7

懂得感恩的人才能够在平凡的世界中发现美

不管是否累了，也要偶尔停下脚步，闻一闻花香，看一看蓝天，感受一下旷野之中的微风轻抚，这样，你便会在大自然的美好之中，感谢生命的存在；不管是不是工作很忙碌，也要抽出一些时间陪陪家人，感受亲情，让你的内心充满爱的温暖，感谢你们血脉相系；不论分别多久，也要和朋友保持联系，哪怕只是偶尔的电话问候，短暂的小聚。朋友是财富，是人脉，要感谢和他们有过一起成长的岁月，让自己的人生更丰富多彩。懂得感恩，是一个成功者必备的良好心态，是积极的正能量。

"妈妈，亲爱的妈妈，今天是你的生日，孩儿不能回家，不是孩儿不牵挂，不是孩儿不想妈。世上让儿陶醉的是你温馨的气息，给儿力量的是你轻柔的双手，催儿奋进的是你期待的目光，还有你绵长的唠叨，就像孩儿总也没有长大……"这是原北大校长周其凤填词的一首歌，当他在北京大学百年讲堂上深情演唱这首歌时，台下爆发出雷鸣般的掌声。

周其凤是从湖南浏阳市一个深山小村子里走出来的。周其凤小时候家庭比较贫寒，当年他曾经赤足两天两夜步行到长沙。那时，虽然他的母亲已为他做了一双布鞋，但周其凤不舍得穿。晚会上，周其凤动情地说这首歌词是沉淀在自己心底多年的情感喷发，一气呵成后又经北大中文系教授谢冕的修改使其变得更加完美。百善孝为先，孝敬父母是一个人赢得他人尊重的首要条件。感恩父母，不是做给别人看的，但恰恰会被人看在眼里。

父母给予生命，而老师给予了学生成长的知识和做人的模范。

"我的根在北大"，这是北大人平新乔说的一句话。20世纪80年代初，平新乔来到北大求学，读研究生，先后受到了陈岱孙、厉以宁、胡代光等教授的指导。其中一代宗师陈岱孙教授给平新乔留下了深刻的印象。平新乔说起20多年前与老师的第一次见面时，说道："我到经济学系办公室115报到，一边坐着个年轻的老师，一边坐着一个长辈，年长的老师穿着一件黑色长袖衬衫，毕恭毕敬地在那写字。等他把字写好，年轻的老师把我介绍给他，说这就是从上海来的平新乔同学。他站起来，高高的身子挺得很直，目光很亮，看了我一眼，然后和我握手，握得很有力。他也没有说其他的，只是和蔼地叮嘱我说赶紧先住下吧。"

当时由于档案问题，对于是否能够被录取，平新乔的心里还是很忐忑不安的。"陈岱孙老师坚持把我录下来。没有陈岱孙老师的帮忙和挽救，我是没办法进北大的。"回忆起恩师，平新乔感慨万千。每到学期初，平新乔都会到陈岱孙教授家里拜访一次，向老师请教这一学期应该看什么书，念什么课；学期末，再拜访一次，向老师汇报这一学期的收获。平新乔说："选课都是老师帮我选的，因为他说修课就像打仗选阵地，每一个都是你的支点。"

第二年的选修课"金融学说史"，陈岱孙与厉以宁两位教授花了一个假期的时间，为22名研究生每人挑选一本英文著作。第一学期读原著，第二学期交流。两位教授为平新乔挑选的是芝加哥大学教授Viner的《国际贸易理论史》。而这门课的课堂报告后来成为了他的硕士论文。平新乔介绍说，后来收到陈岱孙教授亲自写的硕士论文修改意见，把他吓得浑身是汗。硕士论文70页，而陈教授写了二十多页批注。"他用的是专门的稿纸，古色古香，竖排横线，字也漂亮，那真是力透纸背，让你无地自容。看了他的东西，才知道什么叫威严，什么叫知识就是力量。在他面前，一点偷懒、一点苟且偷安都不可能。"再次修改后，又收到了老师7页纸的批注；再改，收到了两页批注，这才将论文打印上交。

现在平新乔虽已近不惑之年，但仍然坚持每周三小时课准备两万字讲义的习惯。三个小时的课，要读5天书，看五十万字，才敢讲。可他依然觉得自己远不如恩师，"陈教授讲课干干净净的，我比不了"。1997年7月，陈教授去世，而那时平新乔正在康奈尔大学读博士，没能赶回来送老师最后一程，只能用加倍努力学习的方式，来回报老师对他的培养。他说："我欠老师的太多了，可能这辈子做完，也不到他期望的万分之一。"

平新乔一直把老师对自己的恩情记在心里，并以老师为榜样，认真做学问，教书育人。这份对恩师的感恩情怀让人赞叹。

懂得感恩的人，能够在平凡的世界中发现美。"受人滴水之恩，当以涌泉相报"，这是一种温暖的传递，是使人格更加趋向圆满的路径，心怀感恩的人是充满幸福感的，一个能够感受到幸福的人，也会把自身的正能量传递给周围的人，这样的人自然是有人格魅力的。而一个有人格魅力的人，也是一个容易获得成功的人。

8

用积极的心态思考，你会发现自己的超能量

　　人的情绪能够影响命运，积极的情绪是生活的创造，也是一种技巧。能够掌控自己情绪的人，可以让自己的情绪经常处于积极的状态中。积极的情绪能够帮助自己营造一个相对宽松的生存环境，能够拥有较高的情商，容易建立自己的社交圈，同时也能创造一个更好发挥自己才能的空间。一个拥有积极情绪的人，才能全心投入到工作和学习中去，有利于自己的发展。

　　亨利在一家大型超市做保安已经有几年了，日子还勉强过得去，但离自己的理想状态还差得远。他试图改变自己的生存方式。特别是看到身边的朋友和同学在生活中的改变，那些人当初和他的情况差不多，可是现在都比他混得好，有的经商赚到了钱，有的在大公司谋到了好职位，唯独他还停留在几年前的样子。静下来的时候，亨利就想，自己怎么会这样？

　　一天，他听人说一家大的物流公司正在招聘，于是，他决定去试试。

　　明天他将去面试。吃过晚饭后，他把自己生活中经历过的事情从头到尾想了一遍，他觉得自己的智商并不算低，但为什么到现在一点作为都没有呢？经过长时间反复的思考，他似乎明白了自己与朋友的差别了，他觉得是自己的情绪造成了这样的差别。他的朋友们总是很积极地看待问题，总是积极地去竞争和参与，并且能够以乐观的心态

面对生活中出现的磨难。亨利却不是这样的，和这些朋友相比，他的情绪相对要消极得多。亨利对生活没有太多的奢求，他从不认为好运会降临到自己身上。想到这些，亨利的头脑越来越清醒了，过去他总是不能掌握住自己的情绪，面临问题的时候，也习惯了悲观、消极的思考方式。他自我检讨很久之后，终于发现以前的自己是那样的不自信，并且得过且过。现在，他终于决定要改变自己了，他要以积极的情绪面对生活。想到这里，亨利的内心仿佛成了正在徐徐舒展的一朵花。

第二天，亨利满怀自信地去参加面试，他从没感觉到自己如此的自信，他发现生活充满了希望。他顺利地通过了面试。他认为，自己能够得到那份工作，与自己积极的情绪是分不开的。因为积极的情绪让自己树立了自信和乐观的心态，这种情绪也影响了他身边的人，给主考官留下了一个充满活力的印象。

亨利以饱满的热情投入了工作，在工作中的表现也是越来越出色，同事们都认为他乐观、主动、机智。而他对工作热情、认真的态度也得到了上司的认可和欣赏。后来，由于国家经济的不景气，企业也处在比较艰难的境遇中，很多人为此都受到了打击，情绪十分低落，但亨利依旧保持着刚进公司时的积极情绪，不改初衷地投入到每一天的工作中去。公司进行重组时，给亨利升了职，并加了薪。亨利对未来更加充满了信心，虽然以后的路很长，但他知道该怎样走下去。

亨利所获得的一切，与他树立起来的积极情绪是分不开的，是他的情绪改变了自己的命运。一个人的才能很重要，但一个人的情商更是决定他未来发展状况的关键因素。大多数有才能的人，都能保持积极的情绪，他们善于与人沟通，在遭遇困难挫折的时候，能够很好地控制自己的情绪，并不断地树立信心。他们不去抱怨命运不公，而是在事业和生活受到阻碍的时候，认真思考，然后更加完善自己，等到机会重新降临的时候，满怀信心地把握住，再一次扬帆起航。所以，一个能够控制自己情绪的人，充满了正能量，当然会更容易获得成功，并享受到成功带来的快乐。

为什么现实生活中，有许多曾经在校的尖子生，在走向社会后碌碌无为，而许多资质平平的学生，到了社会以后却如鱼得水，在各个领域做出不俗的成就呢？其实，这与一个人的情绪是密切相关的。有些智商高的人，情商不高，不懂得把握自己的情绪，人际关系处理得不好，所以，事业发展也不会很顺。久而久之，便产生越来越多的负面情绪，慢慢地对自己也就失去了信心。所以，一个人的成功跟智商并不成正比，资质平平的人找对人生方向后，再保持着积极的情绪，经过努力后，也会在某个领域发挥自己的优势。

2012年3月29日，北京大学承办了"职场北大人"系列讲座。中国保监会财务会计部监管处副处长、北京大学数学科学学院2000届硕士研究生关凌，讲述了自己从实习生到副处长不断创造机会、积极适应并逐步成熟的十年工作历程。他认为，公务员工作忙碌且充实，需要吃苦耐劳的精神和积极学习的态度。

一个人不论做什么工作，都要用积极的心态去适应工作。拥有积极的心态，你就能发现自己的超能量，这样才会离成功更近一步。

很多知名企业中都活跃着北大人的身影，北大人能够取得一定的成就，是因为他们继承了母校的正能量，用燕园精神迎接着职场中的挑战。初入职场的人都必须适应社会，适应角色变换所带来的思维、习惯变化等。北大人在踏入职场的第一步时，就摆正了自己的心态，学会了积极地面对职场中的问题。工作是人一生最重要的组成部分，如果能正确地面对工作上的问题，人生就成功了一大半。毕业之后参加工作，并不意味着学习的结束，而是另一种学习的开始。职场中的新人要学会发展、维护自己的人际关系，学会提高自己的工作能力，并发挥出自己真正的才能，这样才会在工作中找到适合自己的位置，才能成为职场中优秀的一员。

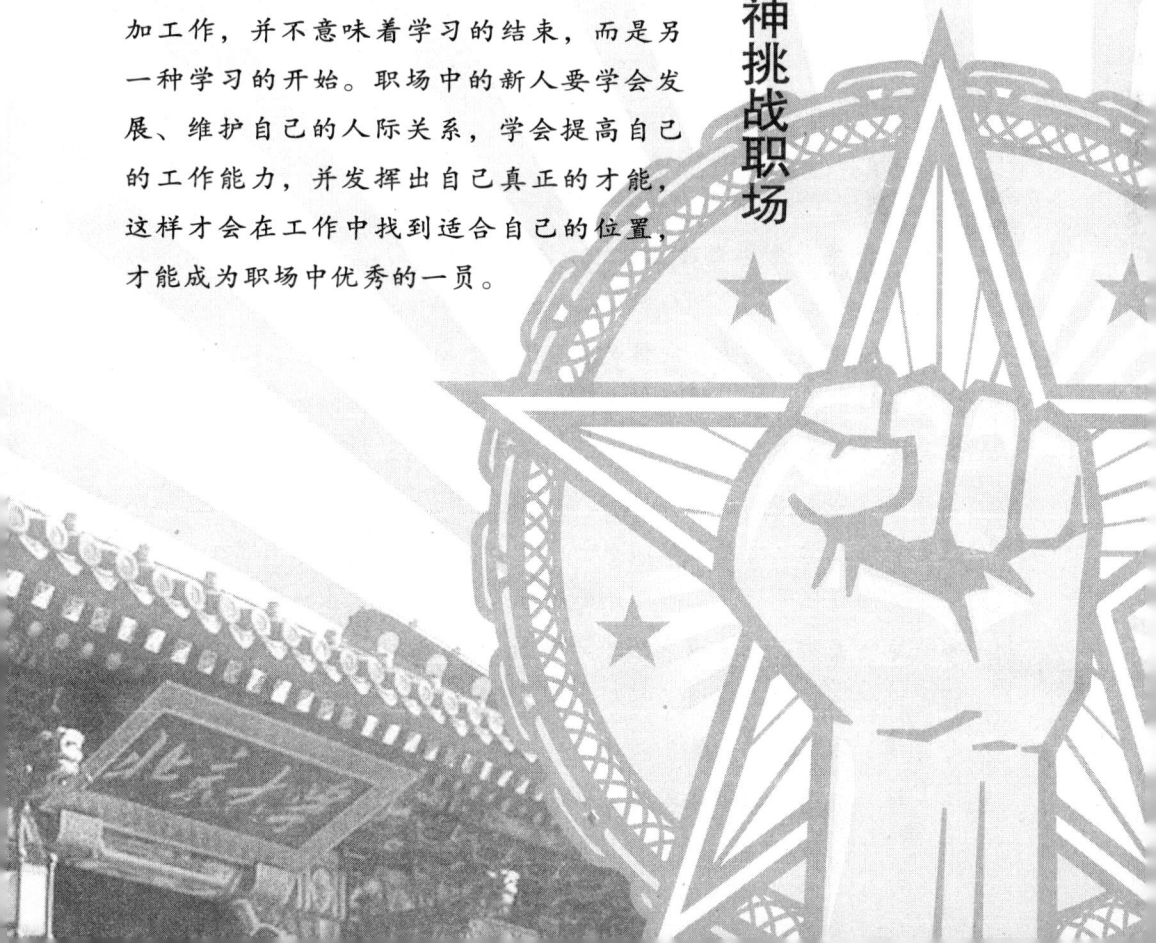

第九章

【毕业正能量】

北大学子怎样用燕园精神挑战职场

1

毕业了，别总拿学历说事

北大著名教授陈平原在一届中文系开学典礼上表示，希望学生能够摆脱排名的纠缠，明白"得失存心知"的道理。无论是在学习中还是在工作中，每个人都各有所长、各有所短，很难量化，不能单从学习排名上来做出决定性的判断。的确，一个人的学习成绩并不能完全代表一个人的能力，如果从这个角度分析，一个人的学历也不足以代表一个人的学识。

一个博士生毕业后被分到一家著名的公司，并成为此公司学历最高的人。有一天，他到公司附近的一个小池塘里去钓鱼，看到公司的两个部门经理也在钓鱼。他只是对他们微微地点了一下头，心想："与这两个本科生根本就没有什么可聊的！"过了一会儿，一个部门经理放下鱼竿，伸了伸懒腰，快步如飞地从水面上走到了对面的厕所。这名博士生眼珠子都快掉下来了，他吃惊地看着这个部门经理，心想："水上漂？不可能吧？这是怎么回事啊？"一分钟后，这个部门经理从厕所出来了，同样还是从水上蹭蹭地走了回来。这个博士生非常好奇，但是又不好意思去问，他觉得自己可是博士生啊！过了一会儿，另一个部门经理也站起来，踏进池塘里蹭蹭地从水面走了过去。此时，博士生内心十分震撼，这真是高手云集的地方！不久后，这名博士生也内急想要上厕所，这个池塘两侧都是围墙，要到对面就需要绕将近十分钟的路，而回公司上厕所更远，怎么办？博士生不好意思问那两个部门经理，他觉得自己可是博士生，本科生能做到的事情，自己肯定也能做到。就在博士生实在憋不住的时候，他也突然起身跨进了水里，只听得噗通一声响，博士生栽倒在了水里。两个部门经理看到赶紧将他拽了上来，问他为什么要跳进池塘里，博士生问：“为什么你们能从水面上走过去呢？”两位部门经理大笑着说：“这池塘里有两排桩子，由于昨天下雨水涨了所以没在了水面之下，但是我们知道桩子的位置，所以仍然可以踩着过去。你为什么不问我们呢？”

从上述故事中可以看出，“学历不等于能力”一个人的学历只是代表有限的知识积累，只有学习能力才能代表真正的能力与未来。现代社会，有很多人拿学历说事，自以为自己有了高学历，就注定比别人知道得要多，自命清高，不懂得向低于自己学历的人请教。然而，社会飞速发展，人们只有不断地学习进取，才能避免被社会所遗弃。

王慧，29岁，学历中专，长相普通，在广东工作5年。最近，她决定要去一个很有名气的公司应聘经理助理的职位。漂亮的人事小姐看了她的简历后，表示其条件不够要求。不服输的王慧决心直接去会见这家公司的老板。老板看到她的学历后说：“很抱歉，我们公司只招收学历本科以上的人。”王慧拿出自己的证书，包括论文获奖书，以及曾经发表的一些文章。王慧说：“这些证书，一个本科生也未必能够拿出来，学历只是应试教育的结果，并不能代表一个人的社会能力。”她犀利的言辞让老板无法应对，过了一会儿，老板才反应过来：“您的个人经验的确丰富，但是您年龄偏大，我们公司的要求是24岁左右的助理。”王慧不假思索地讲道：“29岁的经验难道不比24岁的经验丰富？”老板没想到她言语如此犀利，只好看着王慧说：“形象对于助理来说很重要。”王慧接着说：“我相信您想要的是有能力、有内涵的助理，而不是摆着好看的花瓶。”两个人针锋相对，老板还是头一次遇到这样的应聘者，不由得对她刮目相看，于是决定给她一次复试的机会。

一周后，王慧得到复试通知。复试那天，这家公司挤满了很多光鲜亮丽的应聘者，而王慧只是选择了一套灰色套装，这让不少面试者把她当成了工作人员，而王慧也乐于帮忙。最终王慧成功进入最后一轮面试，半个月后，王慧如愿成为经理助理。工作第一天，老板幽默地说："恭喜你，我们从二百多名面试者中选了年龄最大、学历最低的你。"王慧也机智应答："也恭喜你，能够挑到一位最实干、最具有潜力的员工。"

王慧的求职经历告诉人们，学历不能代表一个人的工作或者未来的能力，只有真材实料才是取得成功的最主要的因素。

生活中，真正有能力的人根本就不需要学历的证明。华罗庚只有初中学历，却自学成才成为最著名的数学家之一。在中国说起童话，不能不提郑渊洁，郑渊洁是中国最著名的童话作家，被人誉为"童话大王"。他创作了皮皮鲁、鲁西西、舒克等深受孩子们喜爱的童话人物，但是他的学历让人觉得就是"童话"——他在北京马甸小学只读到四年级就退学了。

学历不等于创造力，伟大的发明家爱迪生只上过4年学，但是他的发明成果改变了整个世界，并一直影响着整个世界。学历只是代表了人生某个阶段某些知识的学习结果，它对未来的学习道路、事业发展起不了决定性的作用。拥有了令人羡慕的学历，并不代表能够拥有令人羡慕的人生。

作为令人羡慕的北大学子，从入学时就开始慢慢懂得了这个道理，因此他们一直在不断地努力，为自己毕业后踏入社会积累更强的能力。而没有高学历的人，也不能因此灰心失意，要明白"学历"是可以做假的，只有自身所拥有的能力才是最好的证明。

2

记住：没有卑微的职业，只有卑微的人

曾经一则"北大才子陆步轩卖猪肉"的新闻被炒得沸沸扬扬，引起了社会各界舆论关于"上大学是否有用"的讨论。目前，这类事件出现得越来越频繁。比如，研究生当清洁工，本科生当保姆等。陆步轩毕业于北大中文系，后来在卖猪肉的同时还写出了一本书《屠夫看世界》。几年后，陆步轩的师弟、毕业于北大经济系的陈生也走上了卖猪肉的道路。

为什么这件事能引起全国的轰动？当然，卖猪肉不是一件稀奇的工作，稀奇的原因是两个北大的毕业生卖猪肉。几乎在所有人的意识里，卖猪肉的活儿根本就不是大学生干的，有人说这简直就是大材小用。其实从根本上来说，人们之所以反应如此激烈，是因为"卖猪肉"就是一件看似卑微的职业。高学历的人去做"技术含量低"的工作令多数人都无法接受。在中国人的传统观念里，都存有"实用至上"的原则，用不着的东西最好不要去学，学会的东西，就不要浪费，一定要去运用。然而，一名毕业于北大这所全国一流学校的学生放下自己的专业不做就罢了，竟然还去干这种卖猪肉上不了台面的活儿，而且还扬言要卖出"北大的水平"，这不禁令人哭笑不得。可是，谁能料到这两个北大的师兄弟后来开办了"屠夫学校"，而且还赢得了不菲的财富。可见，这世上，没有卑微的职业，卖猪肉也有很大的学问。

2013 年 1 月 27 日，陈生领衔的"大学生猪肉倌"在上海 12 个菜市场开张。大学生猪肉倌彬彬有礼，颠覆了传统的形象。他们的"壹号土猪"在菜市场的价格几乎是普通猪肉的两倍。据有关人员介绍，土猪的饲养周期比市场上销售的猪肉要长 5 个月左右，价格当然要高。陈生还直言，"卖猪肉也能卖出北大的水平"，他相信自己能够运用先进的管理方式，在猪肉这一传统的行业打造出一片独特的天地，并且也能够为大学生们提供全新的就业机会。

是的，无论你的工作看起来怎样卑微，只要你不轻视自己的工作，那么这份工作对你就是有价值的。如果你自己都看不起自己的工作，就根本不可能做好它，老板也会轻视你。所以，无论是什么样的工作，只要你抱着十分的热情，并以专业的精神去对待它，就必定会取得很好的成就。就像北大学生陈生所说的那样："卖猪肉也要卖出北大的水平！"

日本有一个女孩到一家酒店去当服务员，这是她人生的第一份工作，是她迈入社会的第一步。但是令人意外的是，酒店给她安排了一份刷马桶的工作。说实话，刷马桶这份工作没人喜欢做，更别说是一个年纪轻轻、爱干净的姑娘了。这种活儿让她无法忍受，她想像自己手拿着刷子伸向马桶时，都觉得恶心。而且领导的要求还十分高：必须把马桶刷得光洁如新，此时，她所面对的选择是：干下去还是另谋出路？干下去对她来说太难了，因为她不知道这份工作要干多久；至于另谋出路？如果第一份工作就不服从公司的安排，以后谁还敢要自己？她不甘心就这样败下来，因为她曾经下过决心：无论人生有多么艰难，都要一步步地走下去！正在这关键时刻，公司的一位前辈帮她摆脱了困惑，让她明白了人生的路该怎样走。

这位前辈亲自将这份工作做了一次示范。首先他一遍遍地刷洗马桶，直到将马桶刷得光洁如新，最后他从马桶里盛了一杯水，毫不勉强地喝了下去。实际行动胜过千言万语，他的行动告诉少女"光洁如新"

的重点是"新"，新就不会脏，所以新马桶里的水就是可以喝的。反过来说，当一个马桶里的水可以喝的时候，就肯定"光洁如新"了。她看得目瞪口呆，之后恍然大悟，痛下决心：即使刷一辈子马桶，也要成为一名出色的保洁员！以后，她就成为了一个热爱工作的保洁员，工作质量也达到了"光洁如新"的要求，她也喝过马桶里的水，为的是检验自己的自信心。她成功地迈出了人生的第一步，开始了走向成功的人生道路。多年后，这个姑娘成为了日本政府的邮政大臣，她就是野田圣子。

"就算刷一辈子马桶也要做一名最出色的保洁员"，正是这样的工作态度使野田圣子获得了成功的人生。然而，生活中有很多工作不"体面"的人总是轻视自己，瞧不起自己所从事的工作，那么，自然不能取得任何成就。事实上，生活中的每一件事情都具有深刻的意义，即使是一份刷马桶的活儿，也能干出不一样的水平。社会上并没有卑微的职业，只有卑微的人。有很多工作表面上不起眼，但是人们千万不要轻视这样的职业。只要认真对待，就能做出杰出的成绩。

那些表面肮脏、不体面的工作，往往可以磨炼一个人的意志，提高一个人的能力，为人们以后的成功打下坚实的基础。美国独立企业联盟主席法里斯，年轻的时候曾在父母的加油站打工来养活自己。每当有车来加油时，他就会去检查油量、胶皮管、水箱，而且他还会多干点活儿，帮忙除去玻璃上与车身上的灰尘等。因为他想："如果自己能多付出点，就能吸引更多的顾客。"有一个经常来的顾客十分苛刻，她是一个有洁癖的女士，她每周都会来清洗车。法里斯很厌烦她，因为每次她在车子清洗完后总会认真地检查一遍，并让法里斯重新打扫，直到摸上去没有一点灰尘才满意而归。法里斯实在忍受不了这位顾客了，于是便向父亲抱怨。这时，父亲告诉他："孩子，我们必须耐心地对待每一位客人。无论客人有多么苛刻，我们都要付出自己的热情，这就是我们的工作。"正

是这次工作经历让法里斯能够耐心对待日后的每一份工作，为自己
的成功奠定了基础。

世界上没有卑微的职业，只有卑微的人，这是每个人都应该记
住的。无论一个人从事什么行业，只要认真对待自己的工作，就能
够充分地体现这份工作的价值。相反，一个拥有高职位却每天混日
子的人，无论走到哪里都不会受到欢迎的。

3

人一定要做自己喜欢且擅长的事情

如果你毕业了，还不知道做什么工作，不如想一想自己喜欢也擅长的事情有哪些。当你了解这些后，再规划好自己的人生方向，相信在未来的某天就能取得成功。爱好是人们事业上最大的动力，它能使一个人坚强地面对所有挫折与困难；如果一个人有很多爱好，那么再从中挑选自己最擅长的事情，这样就能更迅速地取得事业上的成就了。

曾国藩曾说过："世界上没有庸才，只有放错了岗位的人才。"你所从事的工作是不是你喜欢又擅长的事情，常常决定你能够获得多大的成就。事实上，任何人都没有能力将你约束在一个错误的岗位，能够做到的只有你自己。刚毕业的人最需要做的就是要认识到自己的爱好与特长，如果你能尽早地发现它们，就能少走很多弯路。

李彦宏之所以能够取得成功，除了他坚韧的性格力量之外，在很大程度上是因为他从进入北大时就找到了自己喜欢且擅长的事情，他在接受电视节目采访时就这样说过："人一定要做自己喜欢且擅长的事情，不要离开自己喜欢的行业半步。"

2005 年，百度上市后，就有人来劝李彦宏说："百度现在有资金了，应该涉足网络游戏，多个赚钱的门路。"当时，网游在中国很火，互联网行业纷纷投身于网游的行列。但是，李彦宏坚决地否定了，理由就是这并不是公司所擅长的业务。2007 年，中国一家网站研发的游戏收入达到上千万美元，一个坐拥用户群就可以得到丰厚盈利的运营模式展露在所有人面前，网游行业已经变得很成熟，很多大公司也纷纷将网游列为重点战略产品。一天，有人拿着一份调研报告告诉李彦宏，百度用户中有很多网游玩家，他们每天花在网游上的时间比百度搜索的时间要长很多。既然用户有这方面的需求，为何不趁机将这方面的业务拓展？李彦宏看完报告后，问道："这些数据的确显示了用户的需求，但是我们公司做网游的优势在哪里？"对方答道："优势是我们拥有这些用户啊，其他的网站也谈不上什么优势，只要有客户就可以营利。"李彦宏摇了摇头说："其实刚回国时，我就看到了中国网民对游戏的需求很高，但是我自己不玩网游，也搞不懂网游。对于不喜欢更不擅长的事情，即使机会摆在那里，我也肯定做不过喜欢它的人，所以我选择了搜索引擎。"对方表示，网游的利润比搜索引擎的高很多，而且公司又拥有这么多的客户群，就这么错过太可惜了！李彦宏思考了一会儿，说："那么，我们就通过合作的方式，为网游商提供一个推广平台，让喜欢与擅长的人来做，我们就在中间起牵线作用吧。"于是，百度游戏频道诞生了。

其实早在 2003 年的时候，很多人就劝百度投入移动互联网服务业务，但是李彦宏也都以"百度并不擅长这些事情"拒绝了。正因为百度专注于自己擅长的领域，所以才能在行业内处于领衔位置。

意大利著名的男高音帕瓦罗蒂是世界三大男高音之一。他从呱呱落地时，就具有一副好嗓子，他的第一声哭声，就惊住了母亲与医生，医生们表示从没有听过音调这么高的哭声。5 岁时，帕瓦罗蒂就拥有了一把玩具吉他，他喜欢用吉他弹奏，然后唱一些民歌，而这些歌都是他从父亲听的唱片中学会的。他总是喜欢在午后唱歌，而且并不知道自己的音调太高，所以总是吵得邻居们无法午睡。

其实，帕瓦罗蒂的演唱道路并没有那么顺，他曾经做过保险公司的推销员，也做过小学代课老师。他常常在上午教学，下午卖保险，但是给学生上课这样的事情对于他来说就像一场噩梦，他说自己没有能力在学生面前展示自己的权威。幸好帕瓦罗蒂在工作的同时还学习唱歌，

1961 年，帕瓦罗蒂终于在一次国际声乐比赛中夺得一等奖。之后，帕瓦罗蒂在英国伦敦皇家歌剧院因为顶替意外取消演出的大师斯苔芳诺而大获成功，从此成为闻名于世的歌唱家。帕瓦罗蒂到了年老时，说："音乐就是我的生命，生活对我来说就是一段乐章，我的一生就是奉献给音乐的。"帕瓦罗蒂的父母分别是面包师与烟厂女工，如果帕瓦罗蒂不是天生对音乐热爱，恐怕音乐只是他劳动之余作为消遣的事情。

其实，每个人的身体内都有天赋的因子，只是很少有人能在一出生时就发现自己的优势。多数情况下，人们都要经过多次尝试，才能找到自己所擅长的事情。国际著名设计师、鸟巢的设计者冉·库哈斯的第一份工作是做记者，他从 19 岁起就当记者，同时还进行电影剧本的创作。因为这两份工作，他开始了对政治与建筑的思考，并开始学习建筑设计，并在 31 岁时有了自己的工作室。库哈斯在解释自己的鸟巢设计思路时表示，他希望借助鸟巢来传达"众生平等"的精神。很明显，库哈斯十分热爱建筑设计，他将自己的思想融入了自己的设计作品里，完美地实现了自己的生命价值。

盖洛普说，成功就是发挥一个人的最大潜力，而人们能够发挥最大潜力的方法就是充分利用自己天生的优势。所谓的优势就是你能够毫不费力地做好一件事，而且比很多人做得要好很多。每个人都有自己的优势，只要你找到它，并专注于这个领域，肯定能取得比其他领域更大的成功。很多人可能会说，我最喜欢的事情是玩游戏，而且我玩得很棒，那么是否应该去做一个游戏开发员？其实这种想法有点偏激，人们应该从本质上来辨别什么是自己喜欢与擅长的事情。玩游戏的这种态度可能体现了你所擅长的是充满挑战与刺激的工作，而且玩游戏还需要良好的团队合作技巧，所以除了游戏开发，还有很多关于这方面能力的工作去做。"天生我材必有用"，一个人如果能够找到自己最擅长的事情，不仅能够使自己的生命实现最大的价值，还能为其他人创造利益，使人生实现价值的最大化。

4
做事态度决定了他的职场前途

北大经济学院的高材生孙陶然曾在网络直播《零距讲堂》中表示，一个人的工作态度决定他的未来。工作的机遇取决于你的做事态度，无论你拥有多么大的才能，如果没有良好的工作态度，也不会取得多大的事业成就。成功不仅仅需要自身才能，态度也是能否取得成功的关键。好的态度会让你在不起眼的岗位上获得优秀的成绩，从而得到大家的认可与关注，进而拥有好的发展前途。

职场是人生的战场，是每个人实现理想的平台。任何人都想在职场上取得一定的成就，谁都希望能够通过职场奋斗实现自己的人生价值。然而，很多人不懂得如何为自己的人生奋斗。俗话说："态度决定一切。"一个人的做事态度，能够在很大程度上影响一个人所能取得的成就。

职场中，每个人所面对的事情不外乎两件：做人与做事。人们常常听到这样一句话："高调做事，低调做人。"高调做事，其实就是人们对事情的一种态度。身在职场，无论你从事何种工作，都有取得成功的可能。成功并不是拥有多少财富或者一定要名扬千古，只要一个人能够在自己的工作中实现自身的价值，就是成功的。所以，每个人都要用正确的态度来面对职场中的人和事，在职场中要注重发展自我，并成就自我，这样才能够获得事业上的成功，拥有一个充实丰富的人生。

一个企业家在自传中揭示了自己的用人哲学，他认为，有能力的员工不如态度好的员工。工作态度好的人会让自己坚持学习、成长，而且不怕吃苦，会主动找事情去做，懂得严格要求自己，每件工作都会尽力做到最好。态度好的员工懂得合作的效果，无论是领导还是下属，他们都会尽力合作，从而使工作能够顺利进行。一般情况下，老板都喜欢态度好的员工，而态度诚恳的员工往往能够得到老板的器重，从而让自己的职场前途一片辉煌。一位成功人士曾经说过："是认真的工作态度改变了我的生活。当我知道自己的学历比其他同事低时，我并没有自暴自弃，而是更认真地工作，工作业绩也表现得更出色，所以很快就得到了晋升的机会。"

有一个年轻人在一家很有名的国际贸易公司工作，公司待遇很好，而且工资也是行业领先的。但是，他的工作态度有问题，这么好的工作都觉得不如意，总是挑自己领导的毛病。时间久了，他觉得自己的领导很苛刻，总是"在鸡蛋里挑骨头"，无论自己表现得多么出色，领导对自己都不满意。而且，他还和公司里的同事勾心斗角，结果无法认真工作，工作弄得一塌糊涂。领导找他谈过几次，他却认为领导只知道找别人的毛病，从不在自己的身上找原因。最后，他实在忍受不了了，对自己的朋友说："我的领导简直无理取闹，我干不下去了！"他的朋友是个明白人，从他的言语中已经知道了问题的根本在哪里，于是开导他："你的领导或许有不对的地方，但你有没想过自己的工作很好，有多少人挤破了头也得不到，而你自己却想着要辞职。你应该想一下自己有没有为工作而努力过，有没有做好你自己应该做好的事情。如果你的确为工作尽力了，却仍然没有得到领导的认同，到那时再辞职也不晚啊！"听了朋友的话后，他若有所悟。

朋友继续劝他说："你的工作待遇这么好，你应该感谢公司所给的机会。我认为你应该先把自己的本职工作做好，再学习其他相关的职业技能，等到你每个环节都表现得很出色的时候，你的领导还能有什么话可说？对了，你的业绩怎么样？"他不好意思地说："一般吧。"朋友笑了："你的业绩一定不是很好，但是你的领导还是愿意用你，这说明领导很相信你的能力的。这份工作很多人抢着要做，但是公司并没有辞退你，你得感谢公司和领导才对啊！现在最好的方法就是改变自己的工作态度，提高自己的工作业绩，这样做后领导肯定会对你刮目相看。"

听完朋友的这番劝解后，他明白原来一直是自己在跟自己较劲。知道这点后，他的态度突然转变，以前慵懒的他变得精神振奋，对待工作很热情，而且还经常主动加班。慢慢地，一切都朝着正面的方向发展。几个月后，当他和朋友再聚时，朋友问他："你还想辞职吗？"他笑着说："谢谢你，我现在感恩戴德还来不及，怎么会辞职啊？以前我的态度很糟糕啊，领导那样对我也是应该的。不过，现在都变好了，领导已经偷偷告诉我要升我为部门经理了，而且上个月还发了我 3 千元的奖金，现在工作再累我也觉得很开心。"

不同的态度造就截然不同的两种结果。工作懒散，抱怨领导，觉得工作无趣没前途；相反，选择感恩，积极面对，觉得领导宽容，公司好，工作热情，奖金丰厚，前途光明。态度决定命运，一个人的做事态度决定了他的职场前途。如果想要让自己的职场有发展，想要获得领导的信任与器重，就要改变自己的消极态度，为自己的职场注入正能量。

5

快乐地工作才能体现人生中的正向能量

吴奇修，北大历史上的第一个"大学生村官"。1987年，他从北大毕业后，放弃了在大城市工作的机会，主动申请到贫困的涟源县去工作。之后，他又主动申请到贫困山区石门村工作。他扎根农村带领着农民艰苦奋斗。在那个刚刚改革开放的年代，一个北大的学生扎根基层，不留在大城市发展，得需要多么大的勇气？

然而吴奇修表示，无论做什么工作，无论条件多么艰苦，他都会怀着满腔的热情去工作。只有积极、创造性地做好每一项工作，才能从工作的付出和收获中感受到快乐，这就是人生最大的快乐。好的心态成就好的人生，每个人都应该把握自我，快乐地工作与生活。

有个年轻人总是抱怨自己的工作很糟糕，有一天，他向一位智者倾诉："你知道吗？世界上最痛苦的事情莫过于工作了！"接着，他就开始向智者抱怨，突然智者打断他："但是，我觉得工作并不像你说的那样糟糕。"这个满腹牢骚的人突然叫了起来："你怎么想的啊！难道还有什么比工作更令人不快吗？"智者微微一笑说："你错了，工作对一个人来说，应该是一件快乐的事情，人们没有理由把它当作一份负担。"这个可怜的人又说："也许你的工作是那样，但是我的工作太乏味了，我根本没有从中得到一点快乐！"智者分析说："其实，问题根本不在你的工作上，而是出在你自己身上。如果你不热情地对待自己的工作，即使让你做自己喜欢的工作，一段时间后，你也会感到厌烦的。"这个人终于有所领悟，开始认真思考怎样才能快乐地工作。

快乐地工作对事业能够起到很大的推进作用，事业能否取得成功，往往取决于是否拥有快乐的工作态度。在工作面前，当你怀揣着满腔的热情时，一切问题都会变得十分渺小。其实，工作并不是一种谋生方式。当人们将它作为自己的快乐使命时，就会投入自己的热情，上班也就不再是一件苦差事。工作本身应该是一件快乐的事情，工作就是为了自己快乐，为了实现人生的价值。一个快乐工作的人，不管是清洁工还是企业家，都会将自己的工作视为神圣的天职，并怀着感恩之情。

曾经有一名记者到一个部落去采访，那天是当地的一个集市日，当地的土著人扛着自己的农作物去市场上卖。这名记者看到一个老人在卖柠檬，3美分一个。老人的柠檬卖得不是很好，一上午也没有卖出去几个。这名记者很同情老人，便想将老人的柠檬全部买下，以便老人能够早点回家。但当他走到老人的跟前，说出自己的想法时，老人惊诧地说道："你都买走？那我下午卖什么？"其实对一个人来说，能够劳动就是人生最大的快乐。然而在职场中，像老人一样，将工作作为快乐的人很少。相反，很多人都像之前的那个年轻人那样将工作看作生活中的苦难，他们早上醒来想到的第一件事情就是：又要开始一天痛苦的工作了。然后慢慢悠悠地到了公司，无精打采地开始一天的工作，艰难地熬到下班，马上兴奋起来，与朋友相聚时还是在不断地诉说工作有多么枯燥。

美国石油大王洛克菲勒曾经对自己的儿子说："如果你能够快乐地工作，人生就是天堂；如果你将工作视为一种差事，人生就是地狱。"提到快乐地工作，很多人可能会说，工作每天都累死了，哪还有时间快乐呢？但是，你有没有想过，人生在世，工作的时间占去了一半，如果不能快乐地工作，那么人生将会有很大的损失。虽然，想快乐地工作的确很不容易做到，不过，人们可以换一个角度来想，每天都是重新开始，每天都会有新的收获。即使领导责骂你，你也能够从中知道自己错在什么地方，以免下次再犯。如果你能够这样积极地面对工作上的问题，其实快乐地工作并没有想象中的那么难，而且每天你都微笑面对工作，同事也会更愿意亲近你，你的人际关系就会变得很融洽，事业发展也会变得很顺利。

那么，如何才能使自己在工作中变得快乐呢？如果你是领导，当下属向你问好的时候，就应该给对方一个精神饱满、鼓励的笑容，这样对方就会因你无声的鼓励而变得更加积极，从而也能够开心地工作。如果作为一个领导能够每天这样对待自己的员工，员工们对工作的热情就会大增，他们也会很高兴能跟随这样的领导。由于你给予信心与力量，能够使工作的氛围变得轻松愉快，最后就能形成具有正能量的团队。如果你是一名普通员工，要学会用自己的笑容来传递快乐，因为快乐是可以分享的。这样做别人就会认为你是一个热爱生活、积极向上的人，领导也会因此而信任你的工作能力，愿意将重任交给你。而且你的快乐会感染整个团队，也能为自己赢得更多的快乐，一举多得。

加利福尼亚大学研究表明，快乐的人更容易在事业中取得成就，这种现象是因为快乐的人有着积极的情绪，而这种情绪会让他们努力工作，并提高自己的能力。当人们感到快乐的时候，就会变得自信、精神抖擞，这样的人更容易吸引他人的目光。从心理学角度来说，具有良好心态的人，会更好地将心灵的正能量投入到自己所做的事情之上，能够更轻松地开展工作，发挥自己最大的潜能，提高工作的效率，这对取得成功起着至关重要的作用。相反，那些不快乐的人，会因为消极的情绪而影响工作进度，心理上会产生很大的冲突，从而消耗很大的精力，最终无暇顾及工作。如此，人们还有什么理由不快乐地工作呢？树立正确的工作态度吧，快乐的能量可以击退一切艰难挫折，快乐是自己给予的，只要你想拥有就可以做到。

一个人能够发自内心地快乐，关键还是要看本身的工作生活态度。如果能够树立乐观向上的生活态度，即使在一个消沉的集体中也可以精神饱满地工作。因此，人们应该学会修身养性，学会快乐地生活与工作，融入工作环境与工作团队，学会宽容、凡事不计较，这样才能从根本上做一个快乐的人，赢得有价值的人生。

6

你就是自己职业生涯中唯一的主角

国学大师汤用彤任北大校长时，常常教导学生们说："每个人都是自己人生的主角，无论是在学习上还是未来的工作中，只有把握主动性，才能发挥自身的价值。"在职场中，只有树立正确的态度，积极投入工作，以主角的姿态处理工作上的问题，创造性地发挥自己的优势，才能充分地展现自己所有的力量，赢得他人的欣赏与关注。

很多刚进入职场的人都有这样的想法：自己就是为老板做事，在职场中老板就是主角，一切都是为老板服务。其实这样想本无可厚非，但是有的人会陷入思维的怪圈，他们会这样想，反正是为别人做事，得过且过，公司亏损也不用自己承担，再说，老板给的钱太低了，我怎么会好好干下去；也有人会想老板不信任我，我根本没心情给他干。但是殊不知，这样的想法太偏执了，只要你稍加思考就会明白，这样做对自己一点好处都没有。

职场就是一个大舞台，人们都在这里展示着自己的人生，有很多人在这个舞台上茫然失措，消极地被老板呼来唤去，自己就好像永远只是个配角。其实，只有你自己才能够支配你自己，你才是你职业生涯中唯一的主角。投身职场，一定要树立正确的职业观，只有你才是自己职业生涯的主角，老板只不过是投资舞台的人，而这个舞台上的主角只有你自己。只有你表现足够出色，这场演出才能取得成功，而且是属于你的成功。

德尼斯刚进入杜兰特公司工作时，只是一普通的员工。他发现，每天下班的时候，老板杜兰特仍然会工作到很晚才离开，于是德尼斯也决定在下班后留在公司，尽管没有人吩咐他去这么做，但是他觉得自己应该留下来，在杜兰特先生需要的时候帮助他。杜兰特先生在工作的时候，经常会找点资料或者打印一些东西，刚开始的时候他自己在下班时做这些事情，但是后来他发现德尼斯留在公司，时刻等待去帮助他，于是便让德尼斯去做这些事情。有的人会认为德尼斯太傻了，为何要主动加班为老板服务呢？虽然是为别人打工，但也不至于这么卑微吧！事实上，杜兰特之所以愿意让德尼斯做这些事情，是因为德尼斯自愿留在公司，使杜兰特随时能够看到他。虽然德尼斯没有从这件事情上获得更多的报酬，但是他赢得了杜兰特的信任，为自己的职场发展创造了有利的条件。后来，德尼斯成为了杜兰特分公司的总裁。其实，他之所以能够很快得到晋升，主要是因为他知道自己所做的一切工作都是对自己有益的。

生活中，很多人对工作不满意，特别是毕业后刚参加工作的人，在公司做的都是一些不起眼的工作，渐渐地觉得自己平淡的工作很无聊，觉得自己怀才不遇。其实，这种想法根本就是错误的，只要你积极主动点，就会发现任何工作都大有可为。一个工作中积极主动的人会将公司当成自己的舞台，而自己就是舞台的主角。既然公司帮自己创造了一个职业舞台，人们就应该发挥自己所有的能力去创造价值。积极主动的员工会为公司着想，会更加努力地做事，因为他们懂得这一切都是在为自己创造未来。每天都付出努力，为公司多做点事，自己的能力就会得到提升，就能在同事们当中脱颖而出，就会得到领导或者顾客的认可，从而获得更多的发展机会。虽然很多人都明白这个道理，但是很少人去这么做，这或许就是人性中的缺点吧。一旦改掉了它，就能获得不凡的成就。

职场中的每个人都应该明白这样一个道理：你才是自己职业生涯

中的唯一主角，不是你的老板也不是你的顾客，你所做的一切都是为了让自己的事业取得一定的成就。生活中所有的成功者都愿意为自己的工作花费时间与精力的人，他们忠于自己的事业，忠于自己工作中的每一件事情。如果一名普通的员工想要发展自己的事业，就应该将自己的命运与公司的命运绑在一起，恪守职责，无私奉献自己的智慧与汗水，这样才能尽早地实现自己的理想。

当你将忠于工作、忠于公司变成自己的习惯后，就能够学到很多东西，积累到丰富的经验。相反，工作态度不积极，带给公司或者老板的只有一点经济损失，带给你的却很有可能是失败的人生。所以，从现在开始就忠于自己的职业吧，因为只有自己才是职业中的主角。如果你能够做到时刻站在老板的角度看问题，你的工作成绩就会表现得很出色，公司也会因为你的奋斗而变得更好，你的职业前途也会变得更加辉煌。

他出生在美国的一个偏远的小乡村，少年时过着艰苦的日子，几乎没有受过任何正规教育。但是拥有雄心大志的他，不断地在寻找发展的机会，后来他在钢铁大王卡耐基的建筑工地上打工。刚开始工作时，他就表现出了与众不同的心态——当其他人都在抱怨，并消极工作的时候，他却认真地工作着，并为以后的发展积累经验。一天晚上，工友们在玩扑克，他却安静地待在一旁看书。工友们因此都挖苦他，他却说："我不只是为了老板工作，也不是单纯地为了挣钱，我是为了自己的理想与未来在工作。只有认真地工作才可以提升自己的能力，而且我要让自己的这份工作超越薪水的价值。只有这样，我才能得到重用，在未来才能有所发展。"最终，他凭着这种工作心态赢得了很大的成功。他就是美国伯利恒钢铁公司董事长齐瓦勃。

齐瓦勃的成功说明，员工到底是在为谁工作，谁才是职业生涯中的主角！每个人都在为自己打工，每个人都是自己职业生涯中的主角，而不是你的老板。一人一世界，只要你树立了正确的工作态度，就能把握工作中的主动性，创造出辉煌的事业成就。

在这个竞争如此激烈的社会中，瞬息万变的事物让人眼花缭乱，人们不应该被金钱所奴役，也不要放弃自己的主动权，用别人的尺子来丈量自己的人生与活着的价值。每个人都是自己人生的主导者，每个人都是在为自己打工，为自己的理想与人生而奋斗努力，每个人也都是自己职业生涯中的唯一主角。

7

做自己的伯乐，才能实现自我的超越

陈畅，毕业于北大光华管理学院，她曾经在北京大学做过"做自己的伯乐"的专场演讲，传达了"探求我心，洞晓人生，决胜未来"的信念。这场演讲让很多人都明白一个道理：杰出的人之所以杰出，并非因为他们拥有过人的智慧，而是因为他们拥有积极的态度，不断地探索与追求，能够发现适合自己的机会，也因此成就了自己的事业。杰出的人机遇各不相同，但是他们的共同点是：他们充分地相信自己，敢于做自己的伯乐。

他是一个不幸的孩子，由于体格太小，常常被他人忽视。小学时，学校举办小发明比赛，班级的参赛名单上没有他，他便主动找老师表示想要参加比赛，虽然老师有些怀疑他的能力，但还是答应让他参加。几日后，他交上了自己的参赛作品：无尘电动黑板擦。令人惊奇的是，他的这个作品最终荣获了全市一等奖。中学时，他的身高只有 1 米多一点。有一次，他看到电视台播报教育厅举办"青少年科技创新大赛"，他经过考虑，决定给电视台打电话，并私自决定代表自己的学校参赛。最后，他设计的电动车防滑带荣获了一等奖，为学校赢得了光彩。2003 年底，联合国决定举办"全球儿童文化论坛"，在全世界每个国家挑一名 14 岁以上的青少年参加活动。这次，他又决定报名，但是有人对他说："这次，只有多方面优秀的天才才有可能入选。"但是他并不这么想，因为他对自己充满自信，觉得自己的成绩虽然不是最好的，但是自己拥有良好的语言表达能力与应变能力，一定会从人群中脱颖而出。后来，他成为候选人之一。但是全国共有 120 名参选人，只能从中选一个人。120 名候选人被分为 12 组，每组选一名代表上台演讲，他没有被小组选上。当其他选手在台上演讲的时候，他对身边的工作人员说："您能不能帮我叫一下台上的主持人？"当主持人来到他身边时，他悄悄地对主持人说："虽然我们组没有人选我，但是我觉得我自己能行，能不能给我一次机会？"主持人与评委商量后，最后答应让他试一试。而这一试，他就成为了中国的唯一代表者。

参加这次论坛的有 40 多个国家的代表，但是只能有 6 人上台演讲。他的名为"做个普通人"的中英文发言稿传到了组委会那里，同时还附有一段话："中国是一个 13 亿人口的大国……所以，让一个中国孩子上台演讲，是组委会明智的选择。"于是，作为中国唯一的代表，他站在了联合国的国际论坛上，台下坐满了世界各地的孩子，记者加上观众总共有 3000 多人，主持人问他："你是用中文演讲吗？""不，我用英文。"主持人有点惊奇，接着问他："你认为你第几个演讲比较合适？"他说："如果您不介意，我想最后一个上台。""非常好！"主持人高兴地拍了一下他的肩膀，如果不是他自荐，组委会将让他第一个登台。最后，他的演讲赢得了全场持久热烈的掌声。2004 年 12 月，法国电视台专程来到中国，为他拍摄专题片。他的名字就是姚跃，一个身高只有 1.2 米的残疾少年。

一个人可以被他人忽略，但是自己不能轻易地轻视自己，自暴自弃。只有自己珍视自己，奋发进取，发现自己的才能，并主动展现出来，才会成就自己的人生。姚跃在接受采访时，曾说过这样一句话："当你被别人忽视的时候，请记住一句话：做自己的伯乐。"一个人要想展现自己的才能，首先要相信自己，还是那句老话"是金子，总会发光的"。每个人的第一个伯乐肯定是自己，只有相信自己，才会有其他的可能。

工作中，几乎每个公司都有这样的人，他们总是抱怨自己怀才不遇，他们慵懒散漫，整天牢骚满腹，总感觉自己的才能没有被人发现，自己没有得到重用。于是，他们便在抱怨中消耗时间，最终只会一事无成。虽然有的人的确是因为一些原因不能发挥自己的才能，但这也不能成为抱怨的理由。机会总会跟随有准备的人，只要你积极努力，总会有所作为。

其实，从某种角度来说，怀才不遇是一种消极的工作态度，这种想法会严重影响事业的发展。而且怀才不遇的人，总是喜欢将自己封闭，不能进入他人的圈子。怀才不遇的人通常分为两种：一种是有真才实学，但暂时还没有找到施展才能的平台，另一种是自以为是有真才实学的人。那些有着真才实学的怀才不遇者，往往表现得很清高，对平淡的工作不屑一顾，只想着"不鸣则已，一鸣惊人"；而那些自以为有才的人，经常感叹命运不济，不求进取。其实，怀才不遇的人并不是真的怀才不遇，而是自己的消极心态致使他们失去机遇，甚至逃避自己存在的问题。因此可以得出，"怀才不遇"根本就不存在，因为你就是自己的伯乐。

有一个人在生活中事事不顺心，在公司做了很长时间也没有得到领导重用，看不到未来的发展，便觉得自己怀才不遇，于是就不停地向他人抱怨。

有一天，他在海边散步时，看着翻腾的大海，不觉唉声叹气。这时走来一位老者，见状便上前去问："小伙子，你这么年轻，怎么愁眉苦脸的呢？"他回答道："你说，像我这么有才能的人，怎么就遇不到伯乐呢？"老者听后，便随手从脚下的沙滩上拾起一粒沙子，对他说："你看清楚这粒沙子！"说完他就将这粒沙子扔到了沙滩上，并说："你把那粒沙子找出来，我就告诉你答案。"他找了很长时间也没有找到，便对老者说："这怎么能找到呢，沙滩上的沙子都差不多，怎么可能将那粒找出来呢？"于是，老者又掏出一粒珍珠扔到沙滩上说："你把这粒珍珠捡回来，我就告诉你答案。"这一次他迅速地就把珍珠拾起来给了老者，并开心地说："这下可以告诉我答案了吧！"老者笑了一下说："你为什么找不到那粒沙子，却能找到这粒珍珠呢？"年轻人思考了一会儿，恍然大悟。从此，他便开始认真学习，努力工作，并相信凭借自己的真才实学定能取得一定的成就。

其实，这个世界并不缺少伯乐，伯乐都处处都有，只不过你自己还不是千里马而已。只要你乐观向上、积极进取，你就会由沙粒变成珍珠，并在沙粒中显露出来，被人赏识。世界上本没有"伯乐"，如果有的话，就是你自己，因为只有你自己才能让你从人群中凸显出来。

很多人认为自己只是平凡的人，没有任何特长，其实并非这样，人的潜能是很大的，只要你努力去挖掘，就一定能发现自己的优势。所以，做自己的伯乐吧，只要你充满自信，乐观向上，即使你成为不了像大仲马那样的世界文豪，也足可以让自己的人生变得精彩！

8
一个人能承担多大的责任就能获得多大的成就

北大经济学教授张维迎在一次演讲中表示，对企业来说，利润就是责任；对个人来说，能承担多大责任，就能赚多大钱。张教授的话表明了一个道理：一个人能够承担的责任越大，就越能获得巨大的成就。

一个人的责任心就是他最大的价值，敢于承担责任才会被他人尊重。即使你只是公司的一名普通员工，你能否承担工作的职责对整个公司来说具有很大的影响。但是在工作中，总有这样的员工，他们会趁经理不在的时候，偷偷玩游戏或者聊天，甚至将分内的工作推给同事去做；而当经理布置一项任务时，他们却不停地提出这个任务有多么的不易，暗示经理自己做不好也情有可原，因为这是一项艰巨的任务。正是因为这种心态，他们的工作效率总是很低，所以职位也只能处于低级层次。

乔克与大学同学罗格共同去一家公司应聘。这家公司待遇丰厚，参加面试的人很多。面试结束后，主考官让他们两天后复试。两天后，他们俩早早地到了公司，公司的经理亲自给他们安排了当天的工作，并给他们每人发了一大捆广告单让他们到街头上去发放。

乔克拎着一大捆传单到了街上，见到人就发。有的人随手接过，有的人却根本不理睬，也有的人接过后又随手扔掉，他只好捡起来重新发。发了整整一天，可是手上的单子还有很多。等到了下班时，乔克拖着疲惫的身体回到公司交差。当他回到公司后，看到其他人早已经回来了。罗格见到他悄悄地问："你怎么还拿着这么多单子回来？"乔克一看别人的单子都发完了，心情很忐忑。经理问乔克发了多少，他羞愧地将剩下的单子交给经理说："我做得不好，请原谅。"在回家的路上，罗格不停地说乔克傻，并告诉乔克其实自己的单子也没发完，最后全扔进垃圾桶里了，其他人应该也是如此。这时，乔克才恍然大悟，觉得这份工作肯定没戏了。

结果却大出所料，经过这次复试后，乔克是唯一被录用的人，这让其他人都感到不解。一年后，乔克由于表现出色被升为部门经理。在庆功宴上，他问总经理，当初为什么只录用了自己？经理说："其实一个人能发多少宣传单，我们已经做过测试。那次，我给你们的单子一天肯定是发不完的。其他人都发完了，而你却没有，这说明你对自己的工作是负责的，原因就是这么简单。"

从这个故事可以看出，一个人对公司负责就是对自己负责，只有公司好了，自己才会随着公司的发展而得到更大的提高。哲学家马尔克斯说："只有付出责任才能获得他人的尊重与关怀。"一个员工也只有敢于承担责任，才会被他人信任，被领导重用，才能获得更大的成就。

对于刚刚毕业踏上工作岗位的人来说，学会承担责任是他们走向职场的最重要的一步。刚刚进入职场的时候，首先要熟悉自己的工作，然后提高自己的业务水平，使自己真正能够承担起工作的责任。只有敢于承担责任，才能为自己未来事业的发展奠定基础。

1920年的一天，美国的一个小男孩在与自己的朋友们踢足球时，一不小心将球踢到了一户人家的窗户上，一块玻璃马上就碎了。一个老人从屋里跑了出来，怒气冲天，厉声问道："这是谁干的好事？"小男孩的朋友们都一哄而散，只剩下他低着头向老人承认了错误，并祈求老人能够原谅他。但是，这个老人非常固执，小男孩伤心地哭了。最后，老人终于同意让他回家拿15美元来赔偿他的损失。在当时，15美元可不是一笔小钱。对于这个每天只有几美分零花钱的孩子来说，这个数额是一笔巨款。

于是，小男孩跑着回家向爸爸讲了这件事，希望爸爸能够替自己出这笔钱。但是他没想到，疼爱自己的爸爸却要让他自己负责。小男孩委屈地说："我怎么会有那么多钱？"最后，爸爸给了他15美元，并认真地说："这笔钱是我借你的，而且你要在一年后还给我。因为承担自己的过错是你一个人的责任，你绝对逃避不了。"

小男孩拿着钱赔偿了那个老人的损失，后来，他就放弃了自己平时的玩乐时间，将所有的课余时间都用来做自己力所能及的工作。经过半年的坚持，他终于赚够了15美元，并将它还给了爸爸。爸爸高兴地拍了拍他的肩膀说："一个能够承担责任的人，才会有出息，记住你能够承担的责任越大，你所取得的成功就会越大。"只有十多岁的他，虽然并没有完全明白父亲的话，却把这句话深深地印在了心里。后来，经济大萧条时期，他的爸爸也破产了，这时，大学刚毕业的他便主动承担起家庭的开销。不久，他成为电视台著名的节目主持人。可是在他处于自己事业的高峰期时，出于强烈的责任感，他公开地批评了自己节目的最大赞助商——通用公司，他也因此被迫离开新闻界，投身于政坛。

可是，就在他在政坛获得自己梦想的地位后，一场经济危机阻碍了他事业发展。于是他又承担起领导美国走出困境的责任，最后，他将经济复苏的美国交到了继任者的手中，他就是美国第40任总统里根。

里根总统在回忆自己打碎玻璃的那件事时说："一个人应该勇敢承担自己的责任，只有勇于承担责任的人，才能获得巨大的成就。"里根总统从小就有了承担责任的心态，而且随着承担的责任越来越重大，他所获得的成就也越来越大，从能够为自己的过失承担责任，到承担起家庭的责任，最后又承担起整个国家的责任。

威尔逊说："责任感与机遇成正比。"作为刚踏入职场的新人，想要为自己的事业打好基础首先就要学会承担责任，只有勇于承担责任的人，才能够得到能力的提升，才会得到事业发展的机会。相反，怕承担责任的心态是一个人事业的绊脚石。刚进入工作岗位的人，在思想上洋溢着一种向上的活力，但是工作能力上还有一定的差距，还没有完成从学生到职场人士的转变。所以，作为职场中的新人，要调整好自己的心态，学会承担责任，并尽力尽责地为自己的工作付出，迈好自己职业生涯的第一步。

其实，承担责任也是人生中的乐趣，只有承担责任的人才能实现自己的人生价值。梁启超曾经说过："人生须知负责任的苦处，才能知道尽责任的乐趣。"如果一个人能够出色地完成自己的工作与职责，心灵上就会得到一种满足感。人生在世离不开工作，工作又离不开责任，这就是人生价值的体现。

北大的教授刘力行认为，一个团队若想最大限度发挥他们的职能，团队带头人必须具有强大的凝聚力，激发出每个成员对工作的热情和信心。而作为团队中的每一个成员，也必须具备高度的责任感以及与团队共进退的精神，要懂得团队是需要大家齐心协力共同建设的，把自己的力量融合到团队的力量中，才能发挥团队最大的威力。当然，团队带头人要打造出自己的团队文化，打造出让成员有归属感的集体氛围，让成员从内心感受到团队的未来前景，感受到所从事的这份工作可以为自己带来怎样的利益和意义。一个团队有了明确的目标、善于建设的管理者、充满热情工作的一群成员，那么，这个团队也就拥有了巨大能量。

第十章

【团队正能量】

北大怎样增强精诚协作的团队精神

1

沟通是建立高效团队的唯一前提

　　沟通是合作的开始，一个优秀的团队一定是沟通良好、协调一致的团队。一个团队如果沟通不好，不但难以达到默契，更无法做到协调一致，达不到预期的效益。因此，在团队中，沟通是非常重要的。没有良好的沟通便难以达到默契。

　　《圣经·旧约》中有这样一个故事：人类的祖先在最初的时候，使用的是同一种语言。他们在底格里斯河和幼发拉底河之间，发现了一块肥沃土地，于是，就在那个地方定居下来，修建城池，建起了繁华的古巴比伦城。后来，他们的日子越过越好，人们为自己的业绩感到骄傲，于是，大家决定在巴比伦修建一座通天的高塔，并作为集合全天下弟兄的标记，以免分散。由于大家语言相通，沟通毫无障碍，因此，同心协力，阶梯式的通天塔修建得十分顺利，很快就高耸入云。这件事被上帝耶和华知道后，立即来到人间进行视察。看到未完工的高高的通天塔后，上帝很是吃惊、惶恐，他不能容许凡人达到自己的高度。当他看到人们这样统一强大，便想人类以后还有什么办不成的事情呢？于是，经过一番思量之后，上帝决定让人类的语言发生混乱，使人们无法相互用语言沟通。从此人们讲起了各种不同的语言，感情无法交流，思想很难统一，因此，相互猜忌的事情便逐日增多，人们各执己见，争吵斗殴。这就是人类之间误解的开始。修造工程随着人们的语言纷争而停止，人类合作的力量消失了，通天塔最后半途而废。一个团队，没有交流沟通，就很难达成共识，进而无法协调一致，发挥出团队的力量。所以说，有效沟通是建立高效团队的基础。

一个优秀的企业强调的是团队的精诚团结，领导和成员之间需要良好的沟通，成员与成员之间也需要良好的沟通。沟通对团队的工作展开起着关键性的作用，通过有效沟通，可以有效防止团队内部成员之间、团队与客户之间因为文化环境的差异而带来的矛盾和冲突，维护团队目标的一致性。

美国的微软公司有一种文化叫"开放式交流"，它要求所有员工在任何交流或沟通的场合里都能敞开心扉，完整表达自己的观点。在开会时，如果大家的意见不一致，一定要表达出来，否则公司可能因此错过良机。在 Internet 刚开始时，微软公司中有很多的领导者不理解也不赞成花太多精力做这个"不挣钱"的技术。但是，几位技术人员不断提出自己的意见和建议，虽然上司不理解，但是仍然支持他们进行"开放式交流"。后来，他们的声音传到了比尔·盖茨的耳朵里，比尔·盖茨决定在公司展开这种"开放式交流"文化，支持员工相互沟通，使得微软又提升了一个高度。从这个例子可以看到，这种开放的交流环境对微软公司保持企业活力和创新能力的重要性。

在企业管理中，善于与人沟通的领导者，能用诚意换取下属的支持与信任。即便在管理上有些严厉，下属也会谅解而去认真执行。一个沟通良好的企业，团队凝聚力自然就会大一些。美国著名未来学家纳斯比特曾说："未来竞争是管理竞争，竞争的焦点在于每一个社会组织内部成员之间，及其外部组织的有效沟通上。"如果一个团队没有了沟通，那么职能也就无从谈起。那些优秀的企业都有一个显著的特征，即企业从上到下都十分注重沟通，拥有良好的沟通文化。员工尤其注重与企业主管的沟通，因为管理者事务繁忙，很多时候自己无法掌控自己的时间，因此经常会忽视与下属的交流沟通。而且，管理者下达命令让员工去执行任务后，由于自己并没有亲自参与到实际工作中，因此，往往不能切实考虑到员工所遇到的具体问题。所以，作为员工应该有主动与领导沟通的精神，这样可以弥补领导因为工作繁忙和没有参与具体工作而忽视的沟通。

春秋战国时期，耕柱是一代宗师墨子的得意门生，不过，他总是遭到墨子的责骂。一次，墨子又责备耕柱，耕柱觉得自己很是委屈，因为在许多门生中，耕柱是大家公认的最优秀的人，可他偏偏遭到墨子的指责，这让耕柱觉得自己有失面子。于是，他愤愤不平地问墨子："老师，难道在这么多学生中，我竟是如此的差劲，以至于要时常遭到您的责骂吗？"墨子听后，很平静地说："假设我现在要上太行山，依你看，我应该要用良马来拉车，还是用老牛来拖车呢？"耕柱说："再笨的人也知道要用良马来拉车。"墨子反问道："那么，我为什么不用老牛呢？"耕柱回答说："理由很简单，因为良马足以担负重任，值得驱遣。"墨子说："你的回答一点没错，我之所以时常责骂你，也只是因为你能够担负重任，值得我一再地教导和匡正。"这样一番沟通后，耕柱不再对老师的责骂耿耿于怀了。当然，这个小故事，也可以给企业的沟通管理一些有益的启示。如果耕柱在没有和老师沟通的情况下负气而走，墨子将会失去一位优秀的可塑之才，而耕柱也不能从墨子身上学到更多的知识。

北大学子亿阳集团董事长邓伟说："企业的团队一定要重视沟通，我们集团便一直坚持'沟通沟通再沟通'的原则，这使我们受益匪浅，但同时还要把握五项原则：明确沟通的目的，选好沟通的方式，调整沟通的心态，重视沟通的质量，关注沟通的效果。"亿阳集团之所以拥有一个强有力的团队，与这样的领头人的观念是分不开的。

沟通是双方面的事情，都应该积极地去寻找沟通的机会，及时解决存在的问题。一个团队中的人如果都能重视相互之间的真诚沟通，密切配合，这个团队一定会发展得越来越好。

2

集体是最大的生产力，协作产生最强的战斗力

在当今社会中，很多企业都注重团队精神。如果能够拥有一支向心力、凝聚力、战斗力都很强的团队，拥有一批彼此之间相互鼓励、支持、学习、合作的员工，那么，企业就会不断地前进和壮大。

南非沙漠里有一种叫沙龙兔的动物，它之所以能在沙漠里成活，完全是因为它们具有团结的精神。沙漠中每两年才会有一次降水，这对于任何生命都是极其珍贵的。每次下雨，成年的沙龙兔都会跑上几十公里，不吃不喝，不找到水源绝不回来。每次它们都会把好消息带给大家。它在返回来时，连洞也不进，因为沙漠中的雨水有时一天之内就会蒸发掉，而这又是生活在此的沙龙兔一两年才会遇到一次的补水机会。所以，为了节省时间，平日很少见到的沙龙兔群集现象出现了。大队的沙龙兔会在这只首领的带领下，跑上几十公里去喝水。而那只成年的沙龙兔，往往会在到达目的地之后，因为过度劳累而死。从这个例子中可以看出，任何一个优秀的个人，仅凭自己的力量是不行的，必须依赖下属共同努力来完成战略部署。

一个集体中，不能只有一个可以担当大任的人，要培养出更多的优秀人才，组成一个优秀的团队，齐心协力，方能取得成功。对于一个领导者来说，多给自己下属创造机会，让他们有机会承担更多的职责，让下属分担一些责任和压力。

动物学家研究发现，大雁在秋季南迁的过程中，有着一套严谨的

管理程序。雁群由许多有着共同目标的大雁组成，大雁在组织中有明确的分工合作，当队伍中途因劳累停下休息时，有的负责觅食、照顾年幼或年长的大雁，有的负责雁群安全放哨，有的负责安静休息、调整体力。在雁群进食的时候，负责巡视放哨的大雁，一旦发现有敌人靠近，便会发出一声长鸣作为危险信号的警示，群雁便整齐地冲向蓝天，列队远去。大雁的集体迁徙，是一个团队合作的很好例证。

科学研究表明，大雁组队飞行要比单独飞行提高 22% 的速度。在飞行的过程中，大雁在天空中大声嘶鸣，这也是它们之间的一种相互鼓励，通过共同扇动翅膀来形成气流，为后面的队友提供"向上之风"，而且 V 字队形可以增加雁群 70% 的飞行范围。如果在雁群中，有任何一只大雁受伤或生病而不能继续飞行，雁群中会有两只大雁自愿留下，来照看受伤或生病的同伴，直至其身体康复或死亡，然后，它们再重新加入新的雁群，继续南飞直到抵达目的地。

大雁迁徙的过程，是一个团队协同合作的典范。一个团队中，如果有着良好的管理程序和成员自我约束管理意识，劲儿往一处使，团队的力量一定会无比巨大。在当今社会，企业面临着日趋激烈的市场竞争，在这样的情况下，加强企业团队精神，提高市场竞争力非常重要。团结产生力量，团结能够令人振奋，激发更大的创造激情。"独木难成林"，一个人只有将自己放在集体中，将自己视为其中的一部分，以全体利益为最高利益，大家团结起来共同奋斗，这样才能实现企业的宏伟蓝图。

美国加利福尼亚大学的学者做过这样一个实验：他们分别把 6 只猴子关在 3 间空房子里，每间两只，并在每一间的房子中同时放上一定数量的食物，但放的位置高度不同。第一间房子的食物就放在地上，第二间房子的食物分别从易到难悬挂在不同高度的适当位置上，第三间房子的食物悬挂在房顶。一段时间后，实验者发现第一间房子的猴子一死一伤，第三间房子的猴子全死了，只有第二间的猴子依旧好好的活着。

原来，第一间房子的两只猴子一进房间就看到了地上的食物，于是，为了争夺唾手可得的食物大动干戈，结果死的死，伤的伤。第三间房子的猴子虽然做了种种努力，但毕竟食物太高，难度过大，无法够得着，所以，只能活活被饿死。而第二间房子的两只猴子，先是凭着各自的本领取食，最后，随着悬挂食物高度的增加，难度增大，两只猴子只有相互协作才能取得食物，于是，一只猴子托起另一只猴子跳起来获取食物。这样，每天两只猴子都能取得足够的食物，因此，也就活了下来。可以说，它们之所以能活下来，关键一点就是两只猴子能够相互协作，共同取食。如果它们只是凭着各自的力量，没有合作，那么恐怕将会是另一种结果了。由此可以看出，共同合作的团队精神是极为重要的。

北大教授刘力行在一次接受记者的访问时说，现在的软件产业是一个庞大的工程，如今不是一个人单打独斗的时代了，在这样的工程中，需要人们具有很强的集体观念和协作意识。事实上，不论是软件产业还是其他产业，在任何一个团队中都需要具有协作意识，需要团队成员相互团结，相互鼓励和帮助，大家劲往一处使，共同奋斗，这样才能使集体的力量得到更大的发挥。

3
凝聚力让团队更有战斗力

当今的社会竞争十分激烈，要想在竞争中占有一席之地，团队的力量尤其重要。让团队发挥最大能量，是每个企业管理者最希望看到的结果。那么，如何能让一个团队成为具有强大战斗力的集体呢？

一个好的团队必须职责分明，优势互补，团队成员应该具有较高的职业操守、岗位操守。一个企业若能将这些很好地融合在一起，就会形成一个有凝聚力的集体。企业想要发展、成功，必须依靠团队的力量。而作为一个团队需要有战斗力，尤其是有效战斗力。

作为一个企业管理者，想让自己的团队具有很强的有效战斗力，就必须严格按照公司的规章制度去执行，在有效的时间内完成任务，并在实践中提升自己。作为企业，员工仅仅完成任务是不够的，公司需要团队的业绩，也需要团队和公司一起成长。否则，公司在不断扩大，而团队却还是原地踏步，到最后会无法适应公司的新战略。一个具有有效战斗力的团队，既要有胜利的结果，又要有可持续发展的能力。如果团队采取投机取巧的方式去工作，即便完成了眼下的目标，也不会有长远发展的潜力，到最后还是没有有效战斗力。现在，越来越多的人认识到，团队是公司发展的支柱。如果一个企业没有优秀的团队支撑，就算公司有着完美的战略和技术，也难以在激烈的市场博弈中取胜。

拥有强大战斗力的团队是每个企业管理者追求的目标。一个企业从最初的成立到逐渐发展壮大，都会经历一些波折与困境。作为企业团队的管理者，在遭遇困境时，要想让团队依然保有旺盛的生命力和战斗力，则需要团队具有强大的凝聚力。

有位年轻人，来到一个小村庄。他向迎面走来的几位村民说："我有一颗神奇的宝石，如果将它放入开水中，会立刻变出一锅美味的汤，如果不相信，我现在就煮给你们看。"于是，有人找了一口大锅，也有人提来一桶水，还有人架上炉子和木柴，就这样在村子的广场开煮了。这个年轻人小心地把宝石放入滚烫的锅中，一会儿，他用汤匙尝了一口，然后兴奋地说："滋味不错，如果再加上一点葱就好了。"说完，立刻便有人回家拿了几根大葱加入汤锅里。年轻人尝了一口汤，说："嗯，滋味很好，再加上一些萝卜就更好了。"于是，又有几个村民急忙跑回家拿来萝卜加入汤里，过了一会儿，年轻人再次拿起汤勺，尝了尝说："味道很鲜美，如果能再有一些肉就更好了。"围观的村民中有几个人转身回去，拿来家中晒好的咸肉丝儿放入锅中。经过年轻人的一番调理，以及村民的几番贡献之后，汤中再次多出一些材料，果然，一锅美味可口的神奇石汤熬制了出来。当村民们围在一起品尝石汤时，不禁发出连声赞叹："神奇的石头煮出来的汤，就是好喝啊！"

这块神奇的石头煮出来的汤之所以美味，是因为在村民的共同努力下，同心协力朝着一个目标前进的结果。一个管理者，在企业面临困境的时候，一定要让团队全力以赴为着一个目标努力，从而使企业进入良性的循环轨道，而这支团队也会在困境中得到锻炼和成长。在团队建设中，当企业员工朝着同一个目标努力时，其团队凝聚力也就凸显出来。有了凝聚力，团队的战斗力自然强大。

团队凝聚力是无形的精神力量，它是将一个团队成员紧密地联系在一起的看不见的纽带。团队的凝聚力在外部表现为团队成员对团队的荣誉感及团队地位的看重；内部表现为团队成员之间的融合度和亲和力，形成高昂的团队士气。团队的荣誉感主要来自于工作目标，因为团队的成立就是因工作目标而产生、为工作目标而存在。因此，必须设置较高的目标承诺，以较高的工作目标引领团队前进。

西汉的项羽和刘邦，正是因为"目标"差异，而取得的结果不同。刘邦和项羽的争夺战，最初都是项羽占据优势。可是这并没有影响其最终结局——刘邦开创大汉基业，项羽乌江自刎。刘邦和项羽两人都拥有一支实力相当的团队，严格说来，若论战斗力，项羽的团队在刘邦团队之上。可是，为什么夺得天下的是刘邦而不是项羽呢？纵观项羽短暂的一生，他对于兴或亡的结果，似乎从没有在意过。他并没有像刘邦那样最初就确定了奋斗的目标。项羽好像从来都没有关心过对天下的取得，可以说，项羽是一个重过程而不重结果的人。项羽亡秦，做诸侯统帅完全是顺势而为，无意而得之，这与刘邦刻意入关破秦抢王完全不同。如果说项羽最初就为自己定下做王的目标，凭他的能力完全可以抢在刘邦之前入关，他之所以北上与秦军主力决战，根本不关心"谁先入关谁做关中王"的约定，就是因为他心中没有那样远大的目标。而刘邦则恰恰相反，他从一开始就想要一个结果。在项羽自立西楚霸王后，为了扼制刘邦，他故意将刘邦封为汉王，并将其打发到条件恶劣的巴蜀地区。果然，这一行为惹怒了刘邦。但在萧何的规劝下，刘邦韬光养晦，等待时机，最终，将项羽灭掉，取得了最终的胜利。

刘邦在建立基业的过程中，无疑是一个手段高明的团队管理者，一次次的挫败，没有打消他做王的梦想，也正是有这样的目标，使得他的团队一致投向这一"工作目标"，大大增加了团队的凝聚力，最终建立了千秋大业。

一个企业若想获得成功，离不开优秀的团队，凝聚力越强的团队则战斗力越强，团队的凝聚力来自于成员自觉的内心动力，来自于共识的价值观，一个具有高凝聚力的团队，往往具有高效率。

4

任何情况下，"我们"都比"我"更强大

两千年前的楚汉战争，项羽虽然勇猛无比，力能拔山，但得天下者却不是他，而是刘邦。这是因为项羽生性多疑，刚愎自用，不能任人唯贤，连范增都无法留住，最后兵败身亡，留下千古遗憾。而刘邦则与项羽不同，他懂得网罗天下豪杰，有善于用兵的韩信，有智谋过人的张良与萧何，有樊哙、夏侯婴等人，组成了一个人才济济的智囊团。刘邦的胜利可谓典型的团队胜利，刘邦建立了一个人才各得其所、才能适得其用的团队，而仅仅知道靠匹夫之勇取胜的项羽，没有建立起一个人才得其所用的团队，因此，项羽的失败是情理之中的事情，因为刘邦的胜利是一个团队对一个单人的胜利。

北京大学对自己学子的培养计划是，希望北大学生成为领域的领军者。也就是说，不是单兵作战，而是带领一个团队。因此，他们对学生的要求是在大学学习期间注意培养团队精神。事实上，每一个人都应该明白将自己的力量融于团队的力量中，才能发挥出更大的威力，创造出更优秀的成绩。

尤其当代社会中，每个企业都提倡团队精神：大家为了一个目标，互助互利，团结一致，共同奋斗。在团队中不仅强调个人的业务成果，更强调团队的整体业绩，而团队的核心就是共同奉献。一个人若没有团队精神很难成大事，一个企业若没有团队精神就会成为一盘散沙，一个民族若没有团队精神也不会走向强大。如今市场竞争越来

越激烈，一个人单打独斗很难，合作变得日益重要，分工合作正在成为企业工作的潮流，如何获得有效的合作结果，是每一个企业员工的重要任务。

中国有一句古话叫做"人多力量大"，也就是说群体力量要大于个人，但是，在群体中个人必须懂得团结一致力量最大的道理，不要过于强调"自我"，要将"我"的力量融进群体中，大家力往一处使，这样的团队才能形成强大的威力，充分发挥它的作用。

2004 年 6 月，拥有 NBA 最豪华阵容的湖人队在总决赛中遇到的对手是十四年中第一次闯入总决赛的东部球队活塞队。比赛前，大多数人都不相信活塞队会坚持到第七场。因为湖人队是由科比、奥尼尔、马龙、佩顿等巨星组成的"超级团队"，每一个位置上的成员几乎都是全联盟最优秀的，教练又是一位富有传奇性的人物菲尔·杰克逊，这样的组合，在一般人眼里，绝对是一支强大的球队，要在总决赛中将其战胜只存在理论上的可能性，更何况对方是一支缺乏大牌明星的平民球队。

然而，比赛的最终结果出乎所有人的预料，湖人队几乎没有做多少抵抗就以 1 比 4 败给了活塞队。湖人队失败最根本的原因在于，队友间相互争风吃醋，都觉得自己是球队中的领袖，因此，比赛时单打独斗，毫无配合的精神。而马龙和佩顿又只是冲着冠军戒指而来，根本无法融入整个团队，也无法完全发挥自己的作用，整个球队就是一盘散沙，战斗力当然会大打折扣。

现代社会人们组织起来组成团队，为的是能够使团队发挥最大的威力，使团队整体之和大于部分之和。可是，这上面的故事告诉人们整体之和小于部分之和。之所以出现这样的结果，就是团队成员只强调"我"，而没有把"我"真正地融入团队，因此，团队的力量没有发挥出来。所以，在一个团队中，不仅要尽最大所能发挥自己的力量，还要有大局意识，合作精神，在共同目标的基础上协调一致，才能发挥整体威力，产生整体之和大于部分之和的协同效应。一旦这样的协调发挥最良好的作用，定会使团队的威力大增。

一个人表现得再完美，也很难创造很高的价值。如果说一个人是一滴水，那么一个团队就是一个大海。把一滴水放到大海里，它才能不干涸。团队是一个人生存的必要环境，每一个人在社会中都不是孤立存在的，小到一个家庭，大到一个单位，团队构成人们生活中不可缺少的一部分，一个人若缺乏团队的精神支持，个人很难得到良好的发展。因此，团队精神在人们的生活工作中至关重要，一个人必须要把团队的精神放在第一位，充分听取、理解团队中成员的意见及建议，根据个人的分工不同，尽量发挥自己最大的能力，才能更好地开展工作，也只有这样才能有利于发挥每个人最强的力量。

个人的力量毕竟是渺小的，但如果把自己依托在一个集体中，通过与团队成员的通力合作来达成目的会更容易一些。华为技术有限公司总裁任正非曾说过：当我走向社会，多少年后才知道，我碰得头破血流，就是不知人事哲学。我大学没入团，当兵多年没入党，处处都处在人生逆境，个人很孤立，当我明白团结就是力量这句话时，已过了不惑之年。想起蹉跎了的岁月，才觉得，怎么会这么幼稚可笑，一点都不明白开放、妥协呢？

2011 年任正非以 11 亿美元进入福布斯富豪榜，1988 年他以 2 万元注册资本创办深圳华为技术有限公司，主营电信设备。1994 年，参加亚太地区国际通讯展，获得极大成功。1996 年，大规模与内地厂家合作，走共同发展道路。他说自己是在生活所迫、人生路窄的时候，创立华为的，那时自己已经领悟到"个人才是历史长河中最渺小的"这一人生真谛，而明白这个道理时自己已经进入了不惑之年，一个人不管如何努力，永远也赶不上时代的步伐，更何况现在是知识大爆炸的时代。只有组织起数十人、数百人、数千人一同奋斗，你才摸得到时代的脚。任正非创建华为公司时制定了员工持股制度，通过利益分享，将员工团结起来。从创业之初到现在，公司在不断成长，任正非也在不断学习和成长中更加懂得团队的力量。他说这些年来自己的进步最大，更加体会到团结就是力量的道理，公司的不断扩大，也出现了越来越多的精英人才，大家齐心协力，劲往一处使，与公司共同成长，虽历经风雨，但在众人的努力下，公司日益强大。作为企业的带头人，任正非深知：一个人只有依托于集体中，才能有更强大的发展，而一个企业需要齐心协力的员工，为一个目标共同奋斗，只有这样，企业才能得到更好的发展，才能体现出"我们"比"我"更强大的道理。

5

打造出有责任感的团队成员

一个人不论从事什么职业，都应该心存责任感，对工作尽心尽责。在团队中，每个职位所规定的工作内容，就是一份责任。选择了这份工作，就应该担负起这份责任。对工作充满责任感是一个人必须具备的职业操守，而作为企业团队中的成员，具有高度责任心，也是干好工作的前提。社会学家戴维斯曾说过："放弃了自己对社会的责任，就意味着放弃了自身在这个社会中更好的生存机会。"

在当今社会，个人的发展更多依托的是团队，而团队的发展同样需要成员群策群力，如果每一个成员都具有主人翁的精神，把团队当作自己的家，共荣辱、同心协力，那么，团队的发展壮大，也将会为每个成员带来利益。当今社会有这样一种现象，在一个企业中，如果员工强调自己的打工身份，就越干越没劲；而事业型的员工，则总是处于一种积极的工作状态中，尽职尽责地为企业做事。

当然，企业员工能以主人翁精神为企业做事，与企业文化和整体环境息息相关。如果一个企业不把自己的员工当作家人，员工又怎么会死心塌地地服务于企业呢？惠普的创始人比尔·休利特说："惠普的成功主要得益于'重视人'的宗旨，就是从内心深处相信每个员工都想有所创造。我始终认为，只要给员工提供适当的环境，他们就一定能做得更好。"正是基于这样的理念，惠普对每一位员工都十分关心和重视。在惠普，存放电器和机械零件的实验室备品库是全面开放的，允许甚至鼓励工程师在家中或企业中任意使用。他们的观点是：不管他们拿这些零件做什么，只要他们摆弄这些零件，就能从中学到东西。惠普公司没有作息表，更没有考勤制度，每个员工可以按照个人的情况和习惯灵活安排自己的时间。另外惠普在员工培训上也从来都是不惜血本。正是因为惠普对员工的重视，才使得员工以主人翁的精神为企业做事，对待工作有责任感，使得惠普的发展蒸蒸日上，成为 IT 领域的佼佼者。

松下幸之助说："每个人都有工作的天性。如果你不让他工作，他最初也许会觉得轻松愉快，但时间一长，他也会百无聊赖。激发部下发愤图强的秘籍就是，信赖他们，让他们自主自发地去工作。当然，这并不意味着对他们的工作不闻不问。作为管理者，该说的话还是要说，但必须注意说话方式，避免在批评部下的时候，伤害到他的自尊心。"俗话说："士为知己者死。"一个企业管理者一定要懂得"得人心者得天下"的道理。在企业管理中，尊重员工首先可以获得员工的认同感、愉悦感，给员工以情绪正能量的激发，使其逐步增长主人翁意识，促使其对工作更有责任感。对员工的信任和尊重是一种精神激励法。心理学家赫茨伯格提出的"双因素论"科学地阐明了调动员工积极工作的两大元素：保健因素是一种预防性的维持因素，能消除员工的不满情绪，从而保持其积极性；激励因素则能激发员工的精神，引导他们做出最佳表现，并增强他们的进取心、责任感、成就感等。

摩托罗拉公司的管理理念就是："肯定人格尊严"。在摩托罗拉，人格尊严主要包括：和谐的工作环境，明确的个人前途，开放的沟通渠道，足够的隐私空间，充分的培训机会，平和的离职安排。尤其在离职问题上，摩托罗拉公司更是做到了对员工的尊重。摩托罗拉公司对员工尽最大可能避免裁员，一旦面临必须裁员的情况，人事部门将根据员工的业绩、技能和服务年限等作出选择。他们规定在公司服务满 10 年的员工，未经董事长和总裁的批准，不得列入裁员的名单。当员工因为个人或公司业务的需要而离开时，公司还将为其提供诸如安排其他工作、帮助介绍工作、发放补偿金和继续发放某些福利等援助。摩托罗拉以人为本、尊重个人、发挥人的潜能，实现个人价值和企业共同发展的经营理念，形成了员工和企业相互尊重的文化氛围，使得员工以负责的态度对待工作，为企业的发展壮大奠定了基础。

北大学者高贤峰曾说过："有主人翁精神的人，职业生涯的成功就有了最基本的保证；没有主人翁精神的人，职业生涯的发展就缺少了根基。"企业呼唤有主人翁精神的员工，社会呼唤企业为员工提供树立主人翁精神的企业文化和环境。作为管理者，应该倾听社会的声音，积极为员工创造能够以极大热情发挥自身能力的空间。把企业当作自己生存的根基，这样一来，员工自然也会以负责任的态度面对工作，与企业共存亡。

6

激发成员的激情，让团队更有士气

拿破仑曾说过："一支军队的实力四分之三靠的是士气。"那么，在现代企业管理中，激发员工的激情，让员工更有士气地投入工作，对团队的业绩量的影响非常重要。

企业的发展壮大与团队的管理是分不开的。拥有一个优秀团队，企业才能得到发展的动力。商业竞争就是一场没有硝烟的战争，成千上万的企业都在这个战场上拼命厮杀，而一个团队的战斗激情，在这场战争中绝对起着不可估量的作用。激情不是万能的，但没有激情对于一个厮杀于商业战场的团队来说，是万万不能的。激情是企业的活力来源，是企业工作中的灵魂。

比尔·盖茨说："每天早晨醒来，一想到所从事的工作和所开发的技术将会给人类生活带来的巨大影响和变化，我就会变得无比兴奋和激动。"从这段话中可以看出比尔·盖茨的工作激情。在他看来，一个员工最重要的素质就是工作激情。微软公司在招聘员工时有一个重要标准：被录用的人首先是一个非常有激情的人，对公司有激情、对工作有激情、对技术有激情。他们认为，一个人不能仅仅为了几张钞票而工作，工作是人生的一种乐趣、尊严和责任。

一个对工作充满激情的员工，自然会得到老板的赏识。一个对事业充满激情的人，面对困难的时候，才能拿出百倍的勇气去克服它。如果没有对事业的激情，就不会有原动力。

莫扎特年幼时，每天要做大量的苦工，但是，到了晚上他总是偷偷地去教堂聆听风琴演奏，将他的全身心都融入到音乐之中。就是这种对音乐事业的饱满激情，使得他创造出那么多美妙动人的旋律。激情是创造灵感的源泉，是成就事业必须具备的品质。同样，在一个企业中，员工的激情会使工作效率得到很大提高。

军人出身的任正非就很重视培养团队激情。在华为，召开员工大会之前，会经常齐唱《团结就是力量》、《解放军进行曲》等革命歌曲。1998 年，市场部年终培训结束后，在公司的大食堂里合唱《解放军进行曲》。当时，任正非和所有员工都在台下观看。因为时间紧张，市场部事先没有排练，舞台上又没有扩音设备，大家就扯着嗓子高唱。任正非自己首先激动起来，站起身来带头唱，下面所有员工也都跟着高歌起来，一时间，饭堂里歌声飞扬，使得大家群情激昂，精神振奋！

华为人工作起来不要命，时常深夜加班，吃盒饭，在办公室桌底下打地铺，华为人加班是出了名的。激情飞扬的工作精神是华为人的一个显著标志。正是因为这种"魔鬼"般的没有休息日的工作激情，才使得华为十多年来，一直处于凶猛无比的扩张之中！一位曾经在华为工作过的员工，曾深有感触地回忆，当年在华为玩命拼搏的日夜，哪一次市场会议都是热血沸腾，领导讲话都是感人肺腑，口号、誓言、决心充斥着四周，身心始终处于亢奋、狂热的状态，不知疲倦，不计条件。

让激情成为员工内心熊熊燃烧的烈火，激励着员工为共同的梦想努力奋斗——这是华为成功的秘密武器之一，也是他们卓越领导才能的重要组成部分。缺乏激情的员工是管理者的梦魇，一支死气沉沉的团队无法成就卓越，只有激情四射的团队才能够创造奇迹。

爱默生说："不倾注激情，休想成就丰功伟业。"工作需要激情，有激情才能敬业，企业需要员工敬业，因此，企业需要员工有激情。对于一个在工作中没有激情的人，大部分的时间都在敷衍地工作，然后就是等待公司发薪水。他们从早上匆匆忙忙赶到办公室，到下班后急急忙忙离开办公室，工作的时候，总是在想："怎么还不下班？"如此浑浑噩噩度日，这样的员工能为企业带来什么？自身又谈何发展、提升？一个企业的员工如果都是这样，企业则岌岌可危了。

事实上，企业员工的精神面貌，与企业文化有着密切关系。一个企业打造怎样的形象，员工就会呈现怎样的状态。所以，企业的管理者应该塑造一个积极向上的企业氛围，从而带动员工的激情。另外，企业管理者应该根据员工的需求，制定相应的政策，让员工充分信任企业，并愿意与它同甘共苦，时刻充满激情地投入到工作中。一个拥有激情的团队必然能够战胜一切困难，充满激情团队的成员，会表现出强烈的自信心和自豪感，使团队产生高昂的斗志。

附录一

北大历任校长简介

1. 蔡元培：（1868~1940），蔡元培，字鹤卿，号孑民，浙江绍兴人。他是中国著名的民主主义革命家、教育家。蔡元培不仅是北京大学的首任校长，还曾担任过人学院院长、中央研究院院长等职。可以说，蔡元培为所提倡的"五育"（即军国民教育、实利主义教育、公民道德教育、世界观教育、美感教育）方针和"崇尚自然，展现个性"的儿童教育等理念，为中国发展新文化教育事业做出了重大贡献，堪称"学界泰斗、人世楷模"。其著有《蔡元培教育文选》、《蔡元培教育论著选》等。

2. 蒋梦麟：（1886~1964），蒋梦麟原名梦熊，字兆贤，号孟邻，浙江余姚人。他毕业于美国哥伦比亚大学，并取得了教育学博士学位。除了担任北大校长之外，他身兼多职，还曾担任过国民政府第一任教育部长、行政院秘书长等职务。

3. 胡适：（1891.12.17~1962.2.24），胡适，字适之，原名嗣穈，学名洪骍，字希疆，安徽绩溪上庄村人。提倡文学革命而成为新文化运动的领袖之一。1917 年，他通过了哥伦比亚大学博士论文考试，并于同年夏天回国。回国后，他投入到教育事业的振兴与发展中。其担任北大校长期间所提倡的："大胆地假设，小心地求证"、"言必有证"，以及"认真地做事，严肃地做人"等理念得到了广大学者的认可与倡导。

4. 汤用彤（1893~1964），汤用彤，字锡予，1893年于甘肃省渭源县出生，其祖籍为湖北省黄梅县。他是中国著名的哲学家、教育家，以及著名学者。曾担任北京大学副校长、校长。他与陈寅恪、吴宓并称"哈佛三杰"。汤用彤可以说是现代中国学术史上的国学大师之一，他会通中西、接通华梵、熔铸古今。汤用彤毕业于清华学堂，后前往美国留学。曾在汉姆林、哈佛等知名学府进行深造，并获得了哲学硕士学位。回国后于1949年5月至1951年9月出任北京大学校长一职。

5. 马寅初：（1882~1982），马寅初于1882年出生，浙江人。他是中国当代著名的经济学家、教育学家、人口学家。1906年，马寅初赴美留学，并获得了耶鲁大学经济学硕士学位，以及哥伦比亚大学经济学博士学位。1915年回国后，在北京大学担任经济学教授。1951年，马寅初再次出任北京大学校长一职。1979年9月，平反之后的马寅初再次担任北大名誉校长。

6. 陆平：(1914~2002)，陆平，原名刘志贤，又名卢荻，吉林长春人。于1933年加入中国共产党。陆平曾于1934年至1937年期间就读于北京大学教育系。1957年10月至1960年3月，任北京大学副校长，并于同年11月，任北京大学党委第一书记；1960年3月至1966年6月，兼任北京大学校长。

7. 周培源：（1902.8.28~1993.11.24），周培源于1902年8月28日出生，江苏省宜兴县人（即今属江苏省无锡市）。我国著名流体力学家、理论物理学家、教育家和社会活动家。同时，他也是我国近代力学、理论物理学奠基人之一。1924年，于清华毕业的周培源又被保送赴美留学。1926 年，周培源分别于春、夏两季获得学士和硕士学位。新中国成立后，周培源出任北京大学教务长，副校长和校长，中国科学院副院长等职。

8. 张龙翔：(1981.5~1984.3)，张龙翔，浙江吴兴（今湖州）人。1937 年，张龙翔毕业于清华大学化学系。后出国留学，于 1942 年获得加拿大多伦多大学哲学博士学位。1949 年，张龙翔回国后，曾担任北京大学教授一职。1946 年起，先后出任北京大学化学系、生物学系教授、博士生导师，副校长等职。1981 年 5 月至 1984 年 3 月出任北京大学校长。

9. 丁石孙：1927 年 9 月出生于江苏镇江，民盟成员、中共党员，1950 年参加工作，清华大学数学系毕业，1952 年至 1984 年，担任北京大学数学力学系助教、讲师、教授，数学系副主任、主任；1988 年至 1989 年出任民盟中央副主席，北京大学校长、教授。

10. 吴树青：1932 年生，江阴顾山人。中国著名经济学家兼教育家，教授。1989 年 8 月至 1996 年 8 月任北京大学校长。1949 年 8 月参加革命，1952 年被选送到中国人民大学研究生班学习，1955 年加入中国共产党，1989 年 8 月起任北京大学校长。

11. 陈佳洱：1934 年 10 月 1 日，出生于上海，是我国著名物理学家。中国科学院院士、第三世界科学院院士、教育家、加速器物理学家。1952 年加入中国共产党。1993 年当选为中国科学院数学物理学部院士，1996 年 7 月至 1999 年 12 月任北京大学校长，现为北京大学物理学院技术物理系教授。

12. 许智宏：1942 年 10 月出生，江苏无锡人。1965 年 9 月参加工作，1976 年 2 月入党，研究生学历。北京大学生命科学学院教授、中国科学院上海植物生理研究所研究员、中科院院士、第三世界科学院院士。1992 年 10 月至 2003 年 2 月任中国科学院副院长，1999 年 12 月至 2008 年 11 月任北京大学校长。

13. 周其凤：1947 年 10 月 8 日出生，湖南浏阳人，中共党员，理学博士。中国科学院院士，教授，博士生导师。2004 年 07 月至 2008 年 11 月，任吉林大学校长（副部长级），校学位评定委员会主席；2008 年 11 月开始担任北京大学校长；2013 年 3 月 22 日卸任。

14. 王恩哥：1957 年 1 月出生，辽宁辽中县人，中国科学院院士，教授。北京大学物理系博士研究生毕业。曾任中国科学院物理所所长、北京大学研究生院院长、北京大学常务副校长等职。2013 年 3 月 22 日，担任北京大学校长。

附录二

北大名言

1. 想想看，如果我们用一半的心感受工作会怎么样？

　　——北京大学特聘教授　程广见

2. 若无德，则虽体魄智力发达，适足助其为恶。

　　——蔡元培

3. 言有物，行有伦，论人格可称君子；学不厌，诲不倦，惜本校失此良师。

　　——蔡元培

4. 纯粹之美育，所以陶养吾人之感情，使有高尚纯洁之习惯，而使人我之见。

　　——蔡元培

5. 成功不必在我，而功力必不唐捐。

　　——胡适

6. 容忍是一切自由的根本：没有容忍，就没有自由。

　　——胡适

7. 军人的理想是马革裹尸还，我最大的愿望就是累死在书桌上。

　　——林毅夫

8. 我国当前贫富差距的主要矛盾不在于富人太富，而在于穷人太穷。因为城里也出现了穷人，才有了收入分配不公。不应该有仇富心理。

　　　　　　　　　　　　　　　　　　　　——林毅夫

9. 独立思考，实事求是，锲而不舍，以勤补拙。

　　　　　　　　　　　　　　　　　　　　——周培源

10. 获得暴利的方式有两种，一种是垄断，一种是创新。同样在营销领域，能够垄断万千眼球的就是创新营销。

　　　　　　　　　　——北京大学总裁班营销专家　刘东明

11. 陈胜吴广把"陈胜王"朱砂字条装在鱼肚里蛊惑民心，叫信仰营销。姜子牙直钩钓鱼引人围观叫事件营销。曾子杀人是口碑营销。

　　　　　　　　　　——北京大学总裁班营销专家　刘东明

12. 微博今年非常火，大家既要学会"围"，也要学会"博"。

　　　　　　　　　　——北京大学总裁班营销专家　刘东明

13. 营销的本质是满足人的需求。左手科特勒，右手马斯洛。

　　　　　　　　　　——北京大学总裁班营销专家　刘东明

14. "争"则两败，"和"则共赢！找一找产业链上下游的朋友，合纵联横，和谐社会。

　　　　　　　　　　——北京大学总裁班营销专家　刘东明

15. 我认为成功有三个要素，第一个要素是，要有胆，中国人造词，胆识胆识，胆在前，识在后，你要有胆；第二就是你要聪明嘛，你要聪明你要有智慧；第三才是钱。

　　　　　　　　　　——北京大学总裁班营销专家　叶茂中

16. 广告不是为了创意而创意，它是为了好玩而好玩。

　　　　　　　　　　——北京大学总裁班营销专家　叶茂中

17. 你付出所有的代价，哪怕就是血的代价，你只要坚持下去，就一定会有回报，而人往往就是什么？往往太聪明，其实这个世界上很多人也好，好多公司也好，做不成不是因为他不够聪明，是因为他不够笨，他坚持不下去。

　　　　　　　　——北京大学总裁班营销专家　叶茂中

18. 在人生的某一阶段对生命负责的态度就是玩命，你要想成功，你的人生一定是有一个阶段在玩命。所以奋斗，我觉得他背后那两个字就是玩命。

　　　　　　　　——北京大学总裁班营销专家　叶茂中

19. 即便你不奋斗一生，你也要奋斗一次。奋斗一次，也许因为你这小小的一次就改变了你一生的命运或者说让你获得了更好的生活。

　　　　　　　　——北京大学总裁班营销专家　叶茂中

20. 我觉得我们人这一生，唯一的成本其实就是时间。

　　　　　　　　——北京大学总裁班营销专家　叶茂中

21. 在扩大市场时，刘备采取的是柔性并购策略：先让品牌深入人心，再徐图之。

　　　　　　　　——中国品牌第一人、著名品牌战略专家　李光斗

22. 价值观比价值更重要。也就是你怎么看待口袋里的钱比你口袋里有多少钱更重要。如果事事利字当头，必然不会有健康的企业文化，最终整个企业将一盘散沙。

　　　　　　　　——中国品牌第一人、著名品牌战略专家　李光斗

23. 营销不是产品好坏的较量，营销是获得别人认可、认知的较量。

　　　　　　　　——著名营销咨询专家　路长全

24. 学习任何好的经验、方法，都要分析是否适合自己。就像不能用管骆驼的方法管理兔子。因为骆驼要稳，兔子要快；骆驼可

以几天不用吃喝，兔子却必须每天吃喝。（小公司盲目地效仿大企业，会被活活拖死的——我深有同感！）

——著名营销咨询专家　路长全

25. 心态不好，聪明反被聪明误；心智不好，知识越多越反动。

——北京大学专家　翟鸿燊

26. 人脉就是钱脉，关系就是实力，朋友是最大的生产力。

——北京大学专家　翟鸿燊

27. 进入不同类型人的频道，需要把握住6个同步，即：情绪同步、语气语调语速同步、肢体动作表情同步、语言文字同步、价值观及价值规则同步、信念同步。

——北京大学专家　翟鸿燊

28. 不是学习没有用，因为我没用，所以我没用。所以，要学以致用，形成习惯。

——北京大学专家　翟鸿燊

29. 凡事都要脚踏实地去做，不弛于空想，不骛于虚声，而惟以求真的态度作踏实的工夫。以此态度求学，则真理可明；以此态度做事，则功业可就。

——李大钊

30. 最珍贵的是今天，最容易失去的也是今天。

——李大钊